二十四節氣的保存食

Taiwanese Vintage

立春　雨水　驚蟄　春分　清明　穀雨

立夏　小滿　芒種　夏至　小暑　大暑

立秋　處暑　白露　秋分　寒露　霜降

立冬　小雪　大雪　冬至　小寒　大寒

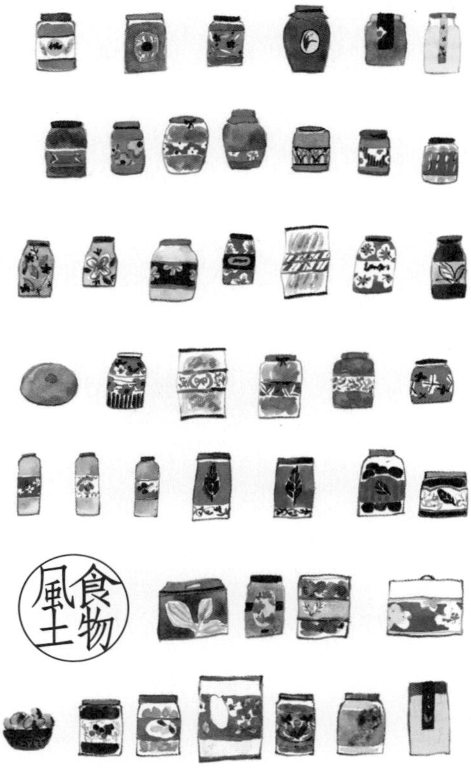

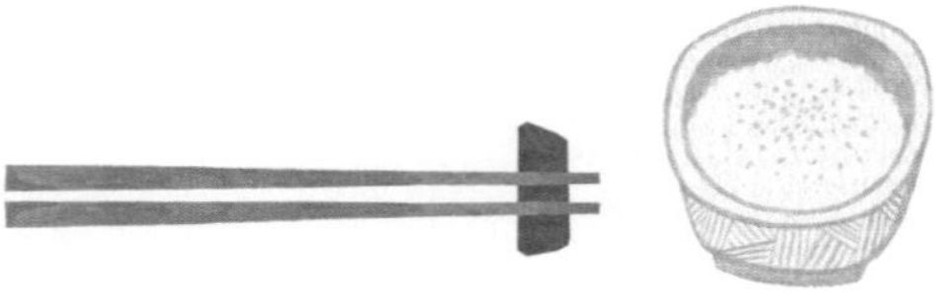

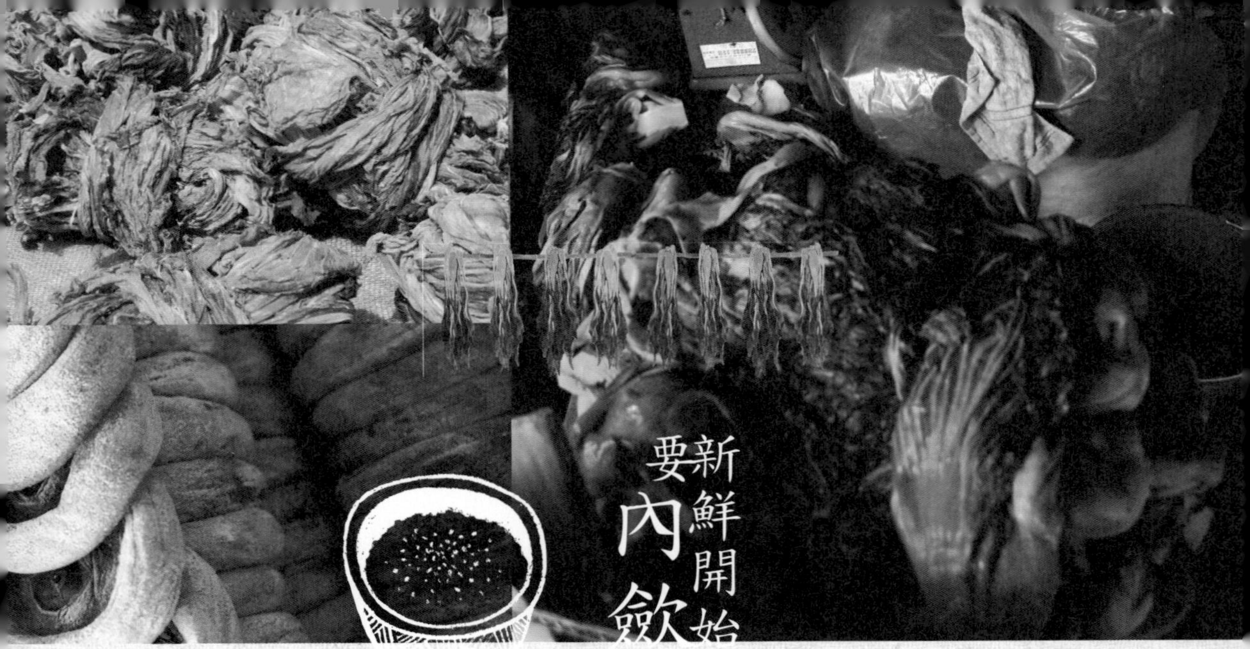

新鮮開始 要內斂

也許那時候
沒有冰箱、防腐劑⋯
更沒有產期調節一大堆專業
加上天物不能暴殄
物產
能趁鮮就趁鮮吃
多了就得想辦法貯藏起來

這些辦法
因地制宜、因人而異
日積月累下來，又代代相傳後
累積成生活常態與智慧的厚度
發展出台灣的醃漬傳統
我們統稱叫「醬菜」

醬菜，家家戶戶都會做，都在做
用當地節令物產，就地取材
靠環境氣候幫忙，手工自然

這樣　浸著、濡著、醃著、漬著
醞著、釀著、醬著、糟著

漬物就在當令新鮮之外
造就出另一番食材風味
而且還有著與農耕同樣的精神
順著天時、應著地力，還有樸質的人情
用鹽、用糖；靠太陽、靠風；還有長長的時間
食材就這樣以另一種形式保存下來
節氣因此拉出了一條長長的延伸線

不啻是美味的續集
不啻是另啟風華
更是
轉化的智慧

傳統食物裡其實存在一種信仰，就是天長地久
我們試著回味這種種單純與美好
或許有些操之過急
但沒關係
因為一切新鮮要開始內斂
還得靠日頭、靠天公…
發酵，也要長長的時間

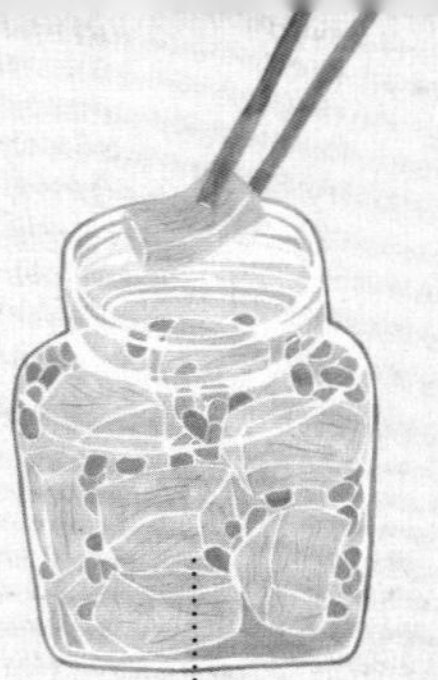

要做菜

感謝種籽的男人、女人、及家人們
讓我追溯食材的美及這塊土地的善與真
傳統的漬物、有種等待的美
有著等待寒暑假回外婆家
的溫暖記憶。
外婆的廚房總有一堆神奇的
魔法罐子不曾空過。
有的在牆角邊，有的在菜櫥裏
有酸甜酸甜的醃梅子、李子……
有黑黑么么、香臭香臭的梅干菜、菜脯……
外婆的燜梅干菜、筍干就是吃不膩
有種說不出的美妙滿足……啊！幸福啦!!
醃漬物時有的需要經過陽光的洗禮，及
時間的醞釀等待才有那股兒陳年的香。
冬天的陽光拿來曬白蘿蔔、柑橘皮……
順便做一下日光浴、點點滴滴的兒時
回憶、穿梭在陽光下、享幸福加溫！

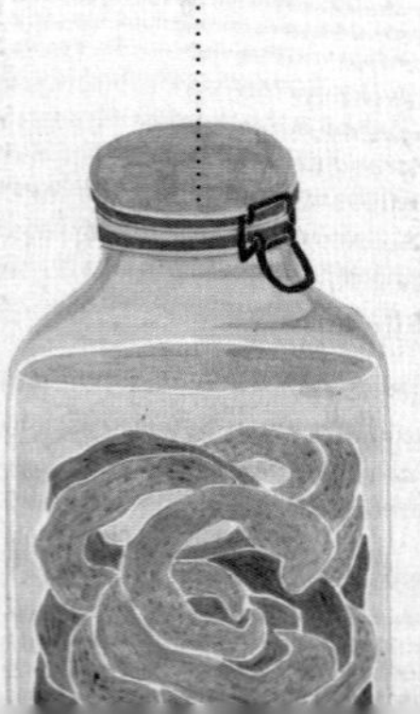

食材的原味是来自於土地与種植者深厚的情誼

從你好土我好菜開始，我們透过飲食分享

這是我愛你的方式……小馬・

薑

客家桔醬

醬油

黑瓜

甜醬

麵

我有拿手菜

NOAH

我九歲了
算是挑食的人
我從小就喜歡吃白飯,喝白開水
很喜歡醬油跟蛋的味道
六歲才開始吃一點紅肉
媽媽有個朋友的小孩
都不吃垃圾食物
我不是那一種
自從京都回來
覺得古老的味道很好
和媽媽一起調查漬物很酷
我在學校的農場有種高麗菜
我喜歡料理
我有小馬阿姨送我的鍋子
我可以作拿手菜

梅子

酸筍

菜心

香椿

老虎

辣椒

吻仔魚

芝麻烤餅

豆豉
丁香瓜

黑豉

高肉甘瓜仔冬油味

榨菜
薑咸

樹子
豆豉

橙子
香魚

破布子

鳳梨
陰

義式

我喜歡窨序

花瓜
甜麻之
黑豆貝
蘇油苦甘

條
酒釀
辣菜
辣腐乳

盒
蘿
蒜筍
辣小魚干
辣豆腐
天目辣
貝

泡
蒜
安夕
辣椒又

蘿蔔
醬

媽媽說：每個人都在寫自己的故事

春天裏

春天ㄉ金ㄓ鑰ㄠ匙

風ㄘㄨㄟ ㄌㄨㄢ 的

ㄊㄚ把我ㄉ我ㄐㄧㄚ手裡

我看到一至

公ㄩㄢ ㄉㄜ的樹。

植物染一染

風土食材旅行 + NOAH節氣

我的廚藝啟蒙老師
小馬阿姨

你在誠品買書買音樂
買文具看書
我在誠品炒菜．[板橋]

每年中秋後清明前
[汶水的日曬膽肝]

(番外篇) 小小孩的大玩具

我喜歡大自然·[卓蘭壢西坪]

幫大地剃一下頭髮·[顏氏牧場]

放暑假吃葡萄·[卓蘭]

我喜歡京都
老舖太可敬了

夏天的海釣
[苑裡]

[大湖.草莓]

十一月的銅鑼杭菊

節氣飲食研究開發

因為敬畏風土的縱深
因為崇尚轉化的智慧
種籽設計節氣飲食研究繼在地食材、節氣料理之後
在立春時候
有了這本二十四節氣保存食的漬物書

我們　是種籽

關於節氣飲食料理研究

因為漬
正月食材得以不只是正月良食

善用了柚皮和白囊糖漬的東坡柚子肉，頗有法式軟糖的位階
新鮮蘿蔔+蘿蔔乾+老菜脯的三代雞湯，貌似雜煮，卻又頗具前世今生感
茂谷柑戴上丁香的桂冠，是窩藏廚房的秘密武器
大家閨秀的三星蔥和小家碧玉的珠蔥，各具姿色，各顯才情
小蕃茄遭遇破布子，漬出的香臭香臭不是臭，是深邃滋味
愛雲的紫蘇糖花貌似隨手捻來，正是台下十年功的底蘊揮灑
曬過太陽的片蘋果，剪下來可以泡茶可以煮肉，更是院落的好風景
部落的馬告，靜候知音，亟欲江湖闖蕩

：

因為漬
讓我們更明白古老的智慧是可敬的靈魂
深深願意
尋找未來性的美學演繹
說好每一個物產的故事

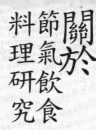

關於節氣物產身世族譜

因為林海音書裡寫的，在蛋未醃時先置日光下曝曬
　醃後自然會有膏油矣，盛掬一把大度山上的紅土封存鴨蛋
因為好友從萬丹寄來一袋高雄九號紅豆
　所以在前院用龍眼炭火燜煮糖漬後，挹注名間的有機小葉紅茶
因為大里菩薩寺每年大寒的臘八粥加上愛雲的炒辣辣，讓我們好長大
因為身手不凡的腐乳，正宗川字、客家紅麴、麻油、甘味，讓白粥的美學打遍早餐無敵手
因為梧棲純正野生烏魚子配上武陵農場的蜜蘋果，讓山海相遇

：

感謝每一個地方發送
讓物產和物產偕手譜寫了每一個美妙滋味故事
深深願意
尋找風土底力的美麗秩序
說好每一個產地到餐桌的故事

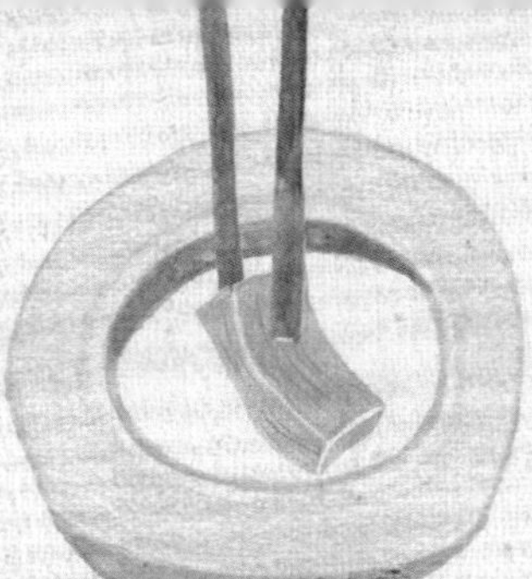

關於節氣飲食研究開發團隊

我們，是種籽

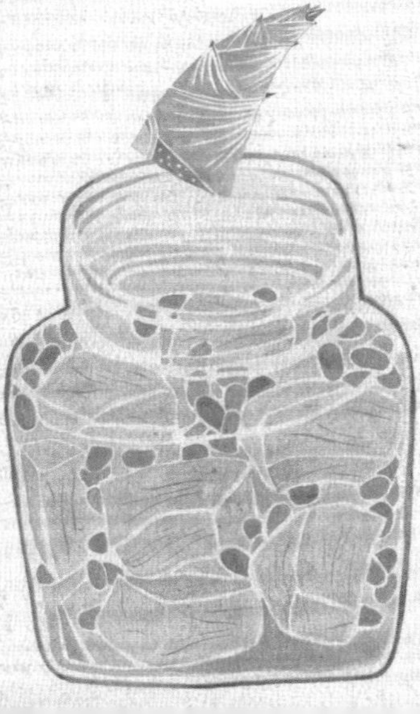

小寒

交節日一月五日~七日

【小寒臘八　雜灰雜紫】

白玉蘿蔔的豐收季

鹽·漬
七日

食材

白蘿蔔	1條
鹽	50g
冰糖	300g
米醋	100c.c
薑黃粉	20g

作法

1.白蘿蔔洗淨留皮去頭尾，晾乾水分。

2.將蘿蔔整條或對剖半條放入保鮮盒或保鮮袋中，以鹽、糖搓揉，加米醋、薑黃粉後，蓋上蓋子或封口在室溫下充分翻動，1天入味後，入冰箱冷藏7天左右，出大量瀝水後即可食用。

P.S 食用時切片，外黃內白，像滾邊一樣；若要整片黃色，白蘿蔔就切片醃漬。

別記　小馬的千枚漬

未加薑黃

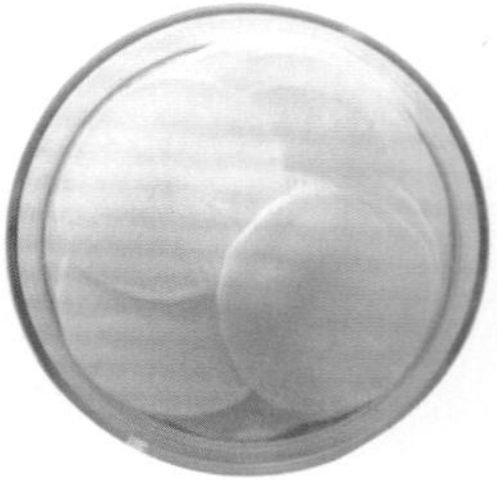

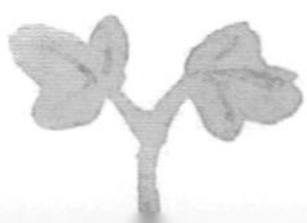

土地公送給
美濃人的白玉寶貝

原名朝陽早生蘿蔔，為美濃的特有品種
產期僅在十一月至次年二月，因此只有在冬季能享用
一反蘿蔔短胖的夙昔印象，改以小巧修長見人
美濃人總在二期作收割後播下，一期作整田前收穫
滿足客家醃漬需求
濃濃的南方風情特色
讓白玉蘿蔔一路北上讓人嚐鮮

小寒

海梨柑

交節日一月五日~七日

［小寒臘八　雜灰雜紫］

糖·漬

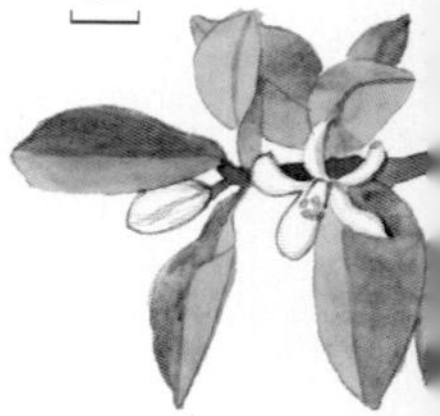

小記：可調飲、冰品製作甜點

食材

海梨柑	1顆
海梨柑皮	1小塊
水	100c.c
冰糖	30g
肉桂	1根

作法

1.將海梨柑去皮、去膜、去籽，將果肉一瓣一瓣完整放進玻璃罐中。

2.將冰糖、肉桂、海梨柑皮1小塊一併放入罐中，同時注入水。

3.放入電鍋，外鍋1杯水蒸熟。取出後蓋上蓋子，倒置呈真空狀態，待涼罐子放正，室溫保存，開封後放入冰箱，儘快食用。

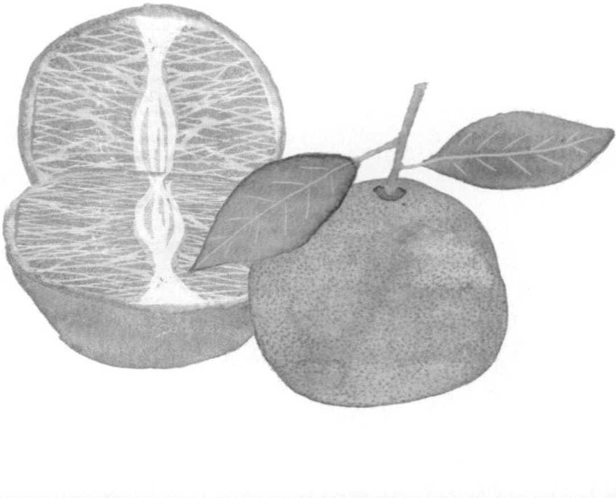

柑橘中的小確幸

盛產期為每年一至二月
海梨不是梨，而是柑，因它的小個頭，於是叫它「海梨仔」
果皮緊實貼著果肉，剝、切兩宜
屬於桶柑品系之一
渾渾圓圓金黃上身
怕酸的人吃柑，海梨仔是上選
產地主要集中新竹縣山區
蘊涵著客家人勤苦栽培的甜蜜滋味

小寒

日曬筆柿

交節日一月五日~七日

[小寒臘八 雜灰雜紫]

陳·年

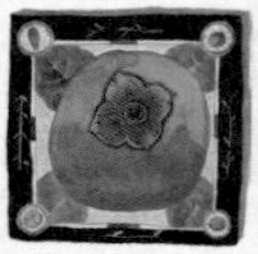

九降風與暖冬陽

九降風起的紅柿子，尤其是新埔鄉
是新鮮柿子轉化最美的風情
乾燥的風、暖暖的冬陽
一日日將柿中水分帶走，逐日揉捏成餅、析出柿霜
喜歡筆柿如筆豪尖尾、小巧，眾柿中獨樹一幟
筆干柿，源自日本愛知
也在台灣自己演繹

食材

筆柿	適量

作法

1.將筆柿洗淨、削皮。

2.取一烤肉網，上鋪一層烘焙紙，將筆柿平鋪日曬5-7天，要常翻動，晚上需收起來。

P.S 做好的果乾，建議裝密封罐或保鮮盒冰箱冷藏保存。

1 二部曲

柿子冰沙

把冷凍過的柿醬用果汁機打成柿泥
+
蜂蜜或冰糖

2 二部曲

柿子莎莎醬

柿子切丁
+
檸檬、香菜、薄荷

泰

滴上幾滴魚露，便顯泰式風味

泰式莎莎醬

3 二部曲

水果大團結的莎莎醬

除了已添加的檸檬，還可加入鳳梨及新鮮金棗(或蜜漬金棗)
非常適合搭配鹹豬肉、一夜干等菜餚一起食用，清爽美味
更好是再配上啤酒，和冬日的好太陽

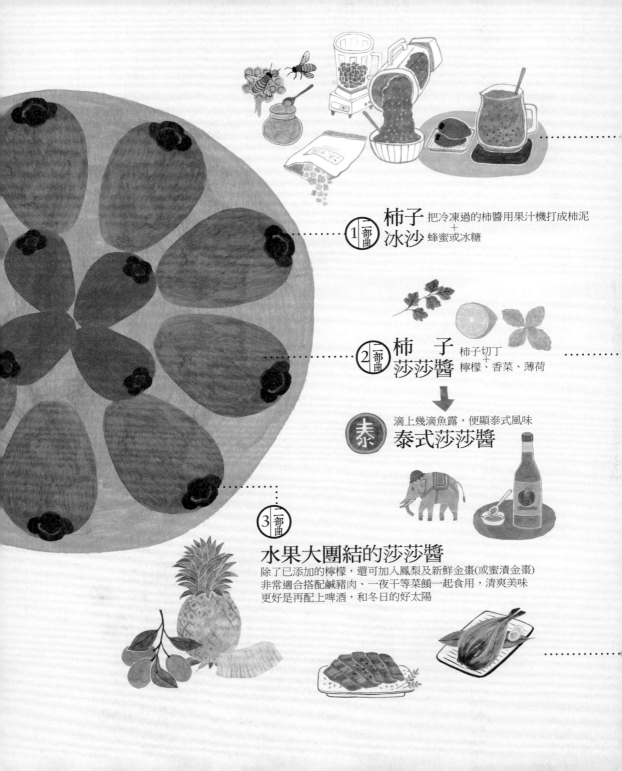

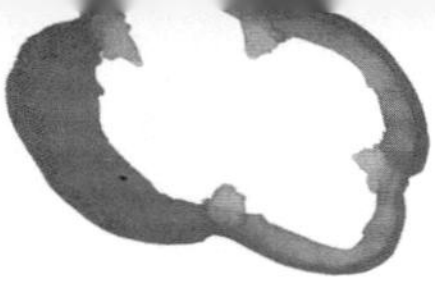

大寒

交節日一月十九日~二十一日

[大寒冷　高粱辣金]

油漬彩椒

油·漬

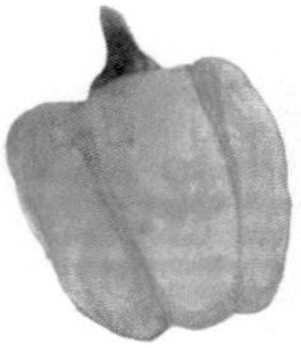

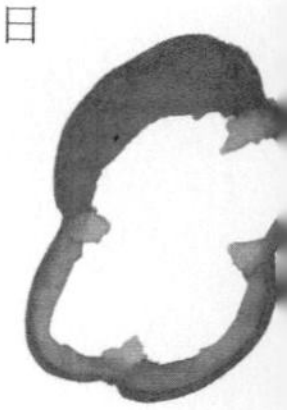

食材

紅椒	1個
黃椒	1個
橄欖油	適量
鹽	5g (1小茶匙)
月桂葉	1片
蒜片	2瓣
檸檬片	2片

作法

1.用爐火或炭火將紅黃椒椒皮烤焦，包覆保鮮膜或蓋上蓋子產生蒸氣，比較好剝皮，去籽切條狀備用。

2.將作法1的紅黃椒與蒜片、月桂葉、鹽、橄欖油拌勻，最後加入1片檸檬即可。

小記

沙拉

拌麵

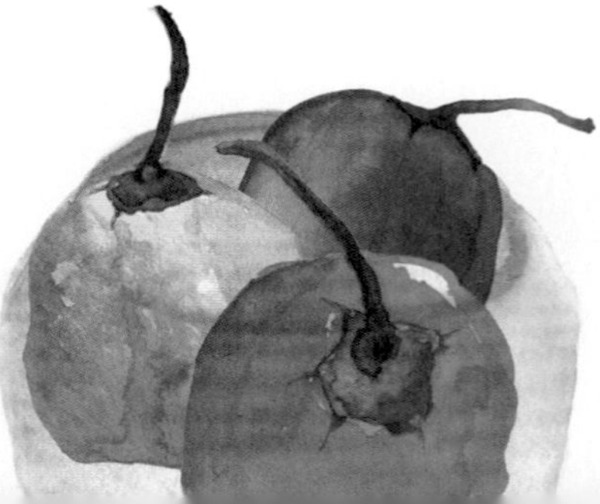

冬日亮彩

冬日裡
顏色總是灰樸深沉
縱使有綠，也千篇一律
難得西風東漸
青椒上了色
紅、橙、黃、白
光鮮明亮，繽紛令人開懷也開胃
一點點椒辛味才有個性
其他都是甜味與視覺
在瓶中
快可以編織彩虹了

大寒

草莓

糖·漬

交節日一月十九日~二十一日

【大寒冷 高粱辣金】

食材

A

草莓	400g
檸檬	半顆
冰糖	200g

B

草莓	200g
檸檬	半顆
冰糖	100g
萊姆酒	少許
薄荷	少許

作法

1.將A草莓洗淨去蒂，用冷開水沖過，與檸檬、冰糖放入食物調理機中打成泥，裝保鮮盒放入冰箱，冷凍備用。

2.將B草莓洗淨去蒂，放入鍋中與檸檬、冰糖熬煮成果醬，起鍋前加萊姆酒即可。

P.S 將作法1的草莓用叉子刮成冰沙狀，裝入杯中淋上作法2的熱草莓醬，最後刨些檸檬皮與薄荷。

紅豔欲滴，吹彈可破

莓農説，沒有一種水果
從零歲到一百歲老少咸宜、男女通吃
只有草莓
手溫便足以灼傷漿果
所以總是嬌貴
正好冷冽的空氣
可以維持她的美豔
水果之后
在苗栗大湖建起王國
盛產時，每個人都想一親芳澤

大寒

鹹豬肉

交節日一月十九日~二十一日

「大寒冷 高粱辣金」

陳·年

臘月飄香，厚積薄發

挑肥揀瘦，厚薄適中
鹽炒花椒是基底
其他的便因人而異、因地制宜
天冷保鮮，臘祭諸神
豚與生活應用百家爭鳴
一方一味，一家一味
尤其在臘月各飄香
別只顧著賞味
也自己醃一塊，屬於自己的鹹豬肉
絕不會只是一個「鹹」字了得

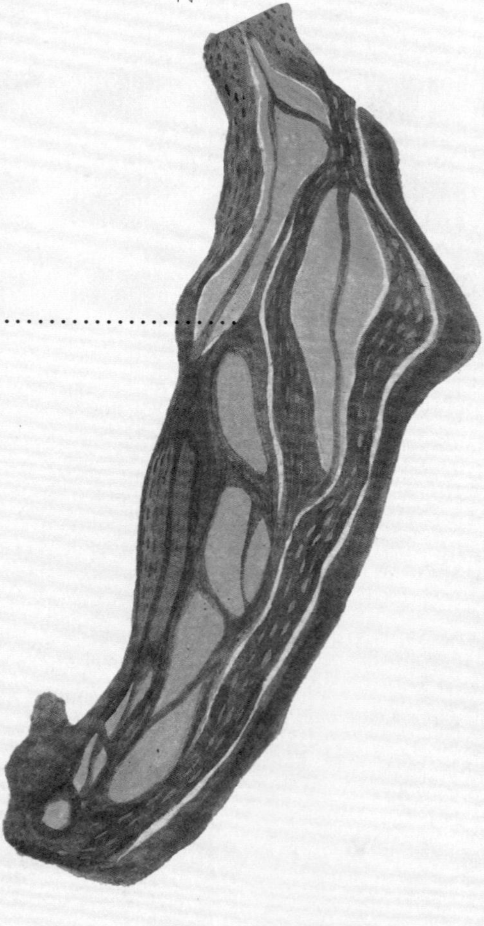

食材

五花肉	1條
薑	3片
花椒粉	1茶匙
白胡椒粉	1茶匙
鹽	5g
高粱酒	少許

作法

1.將五花肉洗淨，擦乾水分。

2.將薑浸泡高粱酒約20分鐘，並將五花肉均勻沾上高粱酒，將多餘的酒抖掉。

3.將花椒粉、白胡椒粉、鹽混合，均勻灑在五花肉上，裝進保鮮盒，放入冰箱冷藏1天即可。

三部曲 1 搭配 水果莎莎醬

具酸味的水果最適合，尤指柚子、柑橘類
柿子、蘋果、鳳梨、葡萄柚、楊桃、芒果

【小馬一點靈】
鹹豬肉可謂是基本款，一年到頭跟任何水果搭配都適宜

三部曲 2 搭配 果醋

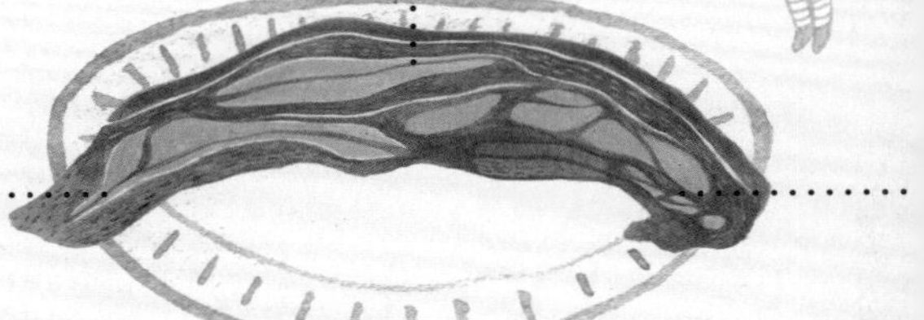

三部曲 3 搭配 蔬菜

洋蔥、蕗蕎（正名為薤 ㄒㄧㄝ，俗稱蕗蕎）、糖蒜、漬蘿蔔
（擺盤示範）洋蔥片對半切鋪底，放上兩塊漬蘿蔔
於旁擺置兩片鹹豬肉，成為一口吃大小
→亦可將洋蔥切成細絲鋪底

【小馬一點靈】
鹹豬肉也有派別喔！
1 淺漬
2 日曬及置放時間拉長，則為臘肉
3 客家人會放較多香料一同醃漬
如：蔥、薑、蒜、五香粉，增加風味

立春

交節日二月三日~五日

[立春綠 日光青]

蔥油漬

正月蔥

三星蔥

油·漬

食材

蔥	100g
薑	20g
蒜	20g
鹽	5g
蔬菜油	200c.c

作法

將所有食材放進食物調理機中打成泥，放入冰箱冷凍保存。

小記

抹醬、炒肉

烤魚

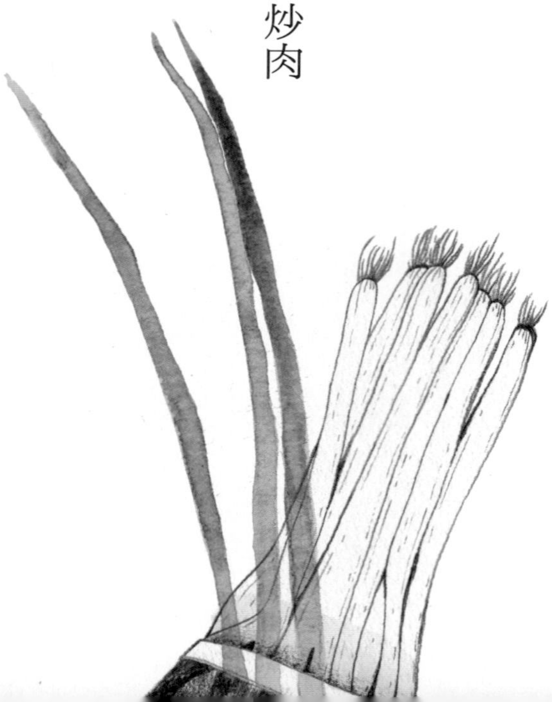

最佳配角

上市場買些菜
攤家總會在袋裡再塞把蔥
喜歡這樣帶著一點人情味
請把這人味當無價
千萬別把蔥當無料
少了蔥，料理彷佛起不了頭
像空有好菸，卻找不到火柴一般
好菜上桌，蔥卻往往被挑在一旁
主角儘管搶盡鋒頭
最佳配角，這回輪你當主角

立春

交節日二月三日~五日

[立春綠 日光青]

茂谷皮+丁香粒

全日曬
五日

食材

茂谷皮	適量
柳丁皮	適量
丁香粒	適量

作法

將茂谷、柳丁洗淨，將皮取下，全日曬3-5天，晚上要收起來。待曬乾後用小刀叉小洞，把丁香粒插進去，放入罐中保存，燉煮肉類或熬煮甜湯均可使用。

小記 紅燒煮甜湯

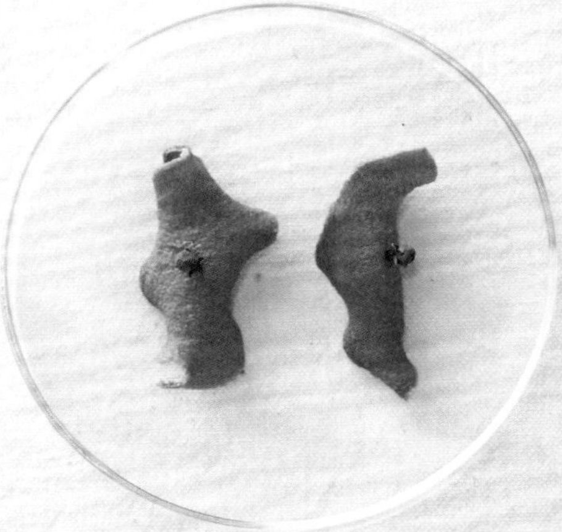

豐茂滿谷

英名Honey Murcott
可見甜是它的強項，而且結果量大「豐茂滿谷」
茂谷算柑橘中最晚熟的
正月開始是茂谷柑枝頭當紅的季節
扁圓討喜，彷彿在柑橘產季中用來壓軸用的
一種作物要在台灣立足
環境氣候要對、栽培管理不能累壞農夫
還要消費市場的接受
缺一都不能成全
桶柑、椪柑、美女柑
一大票柑裡，我真的比較喜歡茂谷

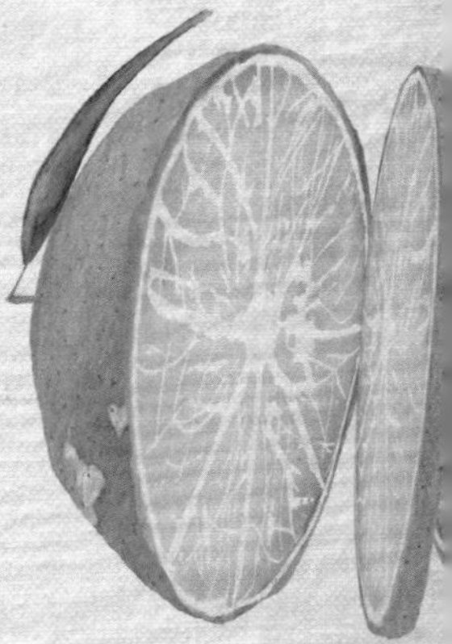

立春

花飛

陳·年

交節日二月三日~五日

［立春綠 日光青］

藍海花飛花舞

漁人對魚的稱喚
比起學名貼切許多，總多了些形聲、會意來著
花飛、花輝
飛，可以想見流線魚體游速飛快
花，如靛藍海水波紋般彷真
輝，日光下有著閃亮的光澤
因為量多，所以常民，平常人家都可以得嚐的美味
因為退鮮快，所以鹽醃保存，延長了賞期
日本料理烤一片鯖魚
台灣百姓人家粥邊的鹹魚
沒有軒輊之分、優劣之別
花飛是許多人家的過去式，現在式以及可能的未來式

鹹魚翻身 第1翻

煎花飛

將花飛煎恰恰
加入醬油、糖、米酒、薑絲
等聽到鍋內發出「唧唧」的聲音
便是倒入水的好時機，水加至魚身一半即可
蓋上鍋蓋燜煮，大火收湯汁
起鍋前加入蒜苗

［小馬一點靈］
先乾煎再加水燜煮的方式，俗稱為「半煎煮」
另可乾煎後與柑橘、檸檬、新鮮金桔、胡椒鹽搭配食用

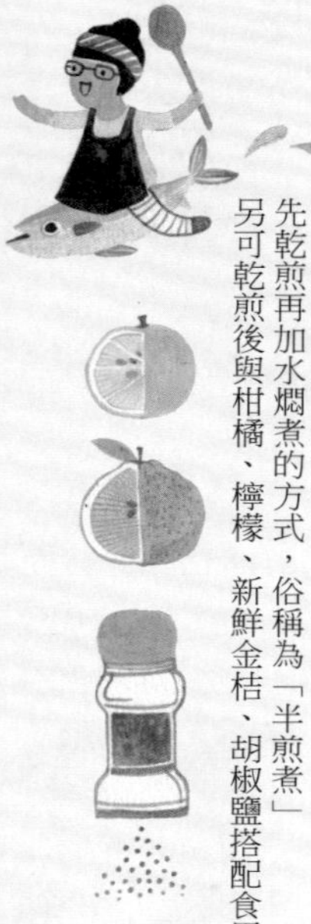

鹹魚翻身 第2翻

鹹魚雞粒炒飯

花飛乾煎(需煎乾一點)後切小塊
雞腿肉切丁拌炒
加入薑、蔥花
可視個人口味加蛋

鹹魚翻身 第3翻

鹹魚雞粒豆腐煲

鹹魚翻身 第4翻

花飛義大利麵

可加入大量蒜苗增加風味

雨水

油漬香椿

交節日二月十八日~二十日

【雨水清 春生碧】

油·漬

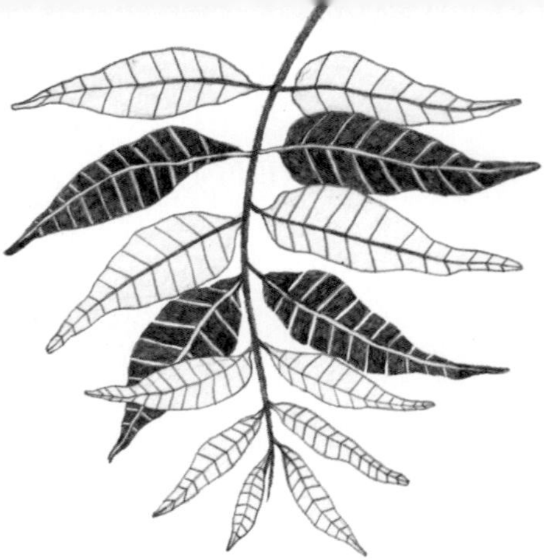

食材

香椿葉	150g
橄欖油	200c.c
鹽	5g

作法

1.香椿一葉葉摘下洗淨，去除中心硬梗，晾乾水分。

2.將作法1的香椿放入食物調理機，加入橄欖油，打成醬，加鹽調味。

3.裝入玻璃罐中，油量要蓋過香椿，密封放入冷凍保存才能保持鮮綠色。

P.S 可將香椿醬2匙、醬油膏1匙、沙茶1匙，混合拌麵，喜歡吃辣的人可加辣椒，或加彩椒、蔬菜一起拌麵，更豐富。

小記

抹醬、拌麵飯

燙青菜

椿萱並茂

人説金針是忘憂草，是母親花
那麼香椿是長壽樹，是父親樹
所以椿萱並茂是個大福氣
香椿樹直成材可當椿
椿葉香韻獨具可入菜
乾燥的蒴果如花，禪意盎然
椿葉乾燥磨粉，是素食者的調味料
與其追逐西方香草
吾寧多花心思在這土生土長的東方植物上

雨水

交節日二月十八日~二十日

【雨水清 春生碧】

紅酒漬洋蔥

酒·漬 一日

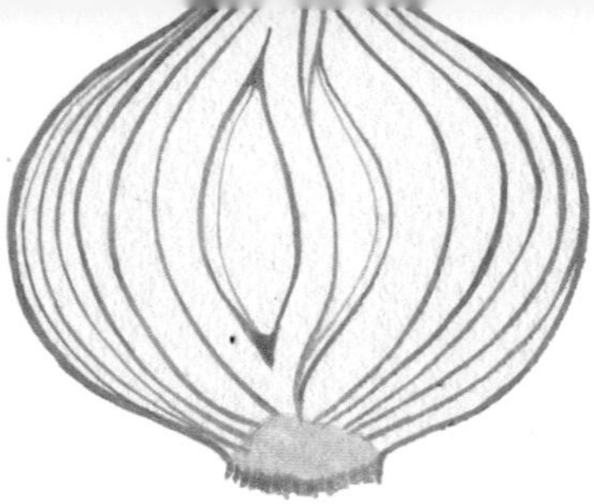

食材

洋蔥	1顆
紅酒	400c.c
冰糖	100g
檸檬	少許
鹽	少許

作法

1.將紅酒、冰糖混合加熱至冰糖溶化，放涼備用。

2.洋蔥去皮切絲，放入作法1中浸泡，放入冰箱冷藏1天入味即可。

3.食用時再加少許鹽和檸檬調味。

小記

涼拌、撈出洋蔥單炒或紅燒牛肉製作紅酒洋蔥醬

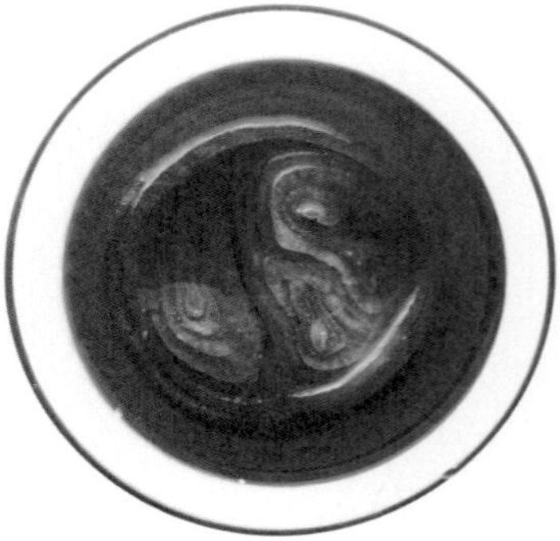

恆春傳奇

也許是在洋槍洋砲的時代，我想
世界性蔬菜和調味品代表的洋蔥也是這樣來的
這個世界皆知、皆吃的蔬菜
在國境之南恆春也落地生根
產期約在二月
成堆成山供應全台
東北季風來到這裡成了落山風
最象徵台灣的民謠，在這裡唱出思想起
檳榔像口香糖一樣普及
恆春的傳奇
最藍的天、最熱情的海洋
最發人思想起

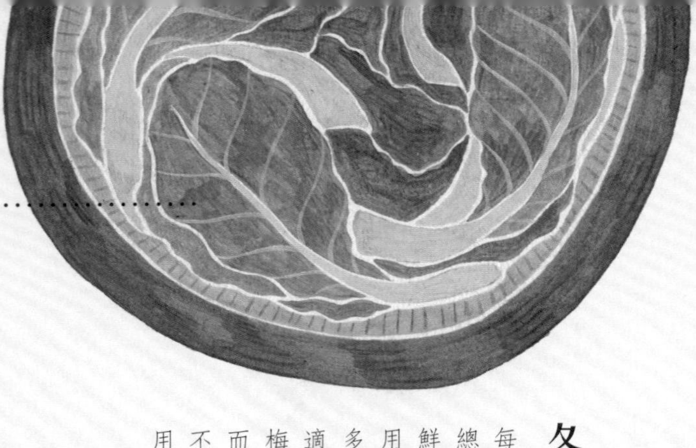

雨水

交節日二月十八日~二十日

【雨水清 春生碧】

梅干菜

陳·年

冬日漬藏，春來自嚐

每年冬天，又大又綠的芥菜
總在過年圍爐桌上來上一道
鮮食有餘，灑上鹽、重石擠壓
用冬日的暖陽一曬再曬
多取其綠葉少莖
適掌大小細細紮成
梅干就這樣經年保存
而且時間給了它另一番風味
不只客家
用它搭出許多經典名菜

一般使用小芥菜醃漬

二部曲 1 梅干扣肉

食材

梅干菜	1000g
甘草橄欖	5顆
醬油	50c.c
鹽	少許
橄欖油	400c.c

作法

1.將梅干菜泡開，並去除過多的鹽分，沖洗乾淨，擰乾，切小段備用。

2.鍋中放入大量油中火加熱，放入梅干菜、甘草橄欖煎炒約2小時，加入醬油持續拌炒1小時，起鍋前加鹽調味即可。趁熱裝瓶，倒置放涼後即成真空狀態，開封後放入冰箱冷藏。

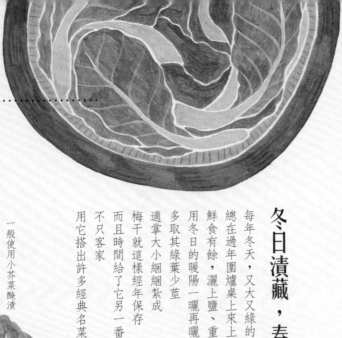

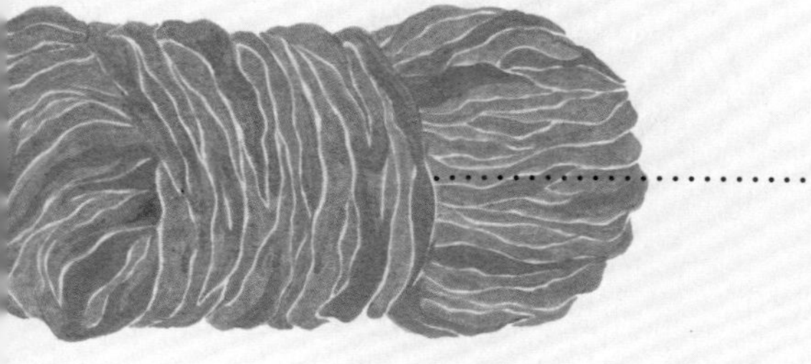

二部曲 2

梅干炒豆皮

可製作成為紅燒豆皮

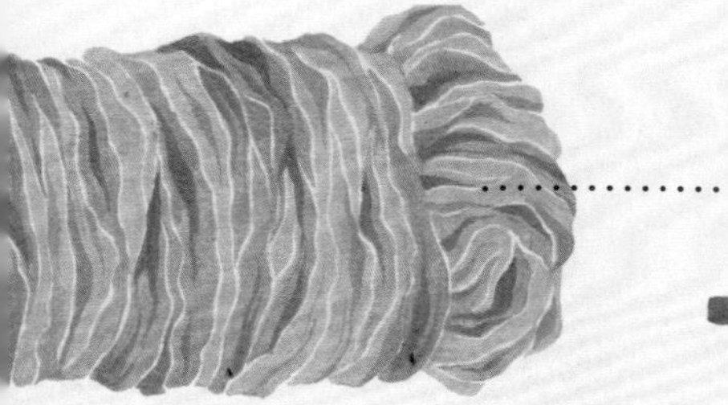

二部曲 3

梅干肉丸

洗淨梅干菜切碎
米酒、太白粉、胡椒、醬油與梅干菜和肉拌攪
搓成肉丸子蒸煮

【小馬一點靈】

米酒、太白粉、胡椒和醬油為基底，可另外加入蔭瓜仔肉、破布子或醬筍變化口味

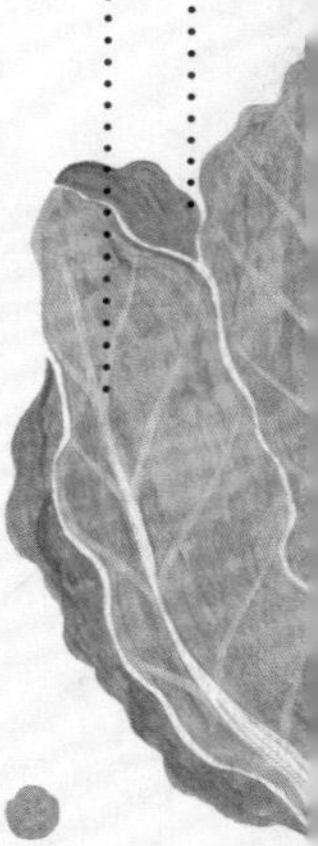

驚蟄

交節日三月五日~七日

〔驚蟄草　生命綠〕

油漬日曬小蕃茄破布子

油·漬
五日

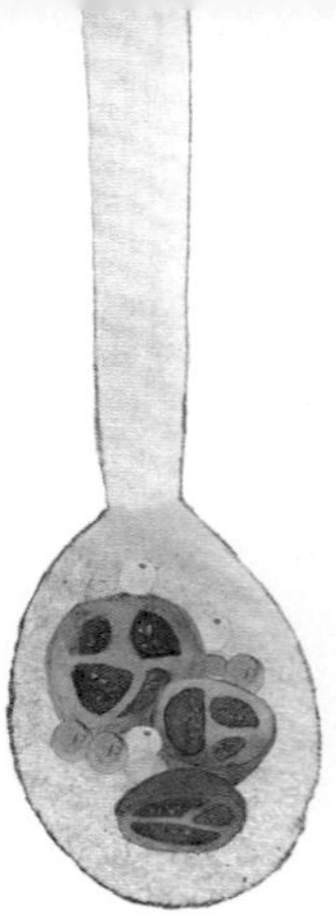

食材

小蕃茄	600g
蒜頭	3瓣
破布子	15顆
月桂葉	2片
冷壓橄欖油或茶籽油	300c.c

作法

1.將小蕃茄洗淨去蒂、對剖，平鋪於鐵網上全日曬2-3天或用烤箱100℃烘烤2-3小時(小蕃茄水分剩約1/3)備用。

2.蒜頭去皮整瓣或切片備用。

3.將作法1+2+月桂葉、破布子放入乾淨的玻璃罐中。

4.在作法3注入冷壓橄欖油或茶籽油，要淹蓋過食材，蓋上蓋子。

5.浸泡約3-5天就可使用，可拌麵、拌飯、拌沙拉、煮魚或沾麵包。

小記
抹醬、拌麵
蒸煮魚

迷你小蔬果

是水果，卻更多入菜
是蔬菜，卻又新鮮可口的西紅柿、柑仔蜜
蕃茄的大小形容，大到如牛、小如珍珠
台灣育出繁多小蕃茄品種
小巧亮眼適口
是誰把它跟檳榔的吃法聯想在一起
切口夾進蜜餞
一口接一口
越吃越糖甘蜜甜

驚蟄

交節日三月五日~七日

【驚蟄草 生命綠】

紫蘇糖花

糖·漬

小記
零食、醃梅時用
製作果醬時用

食材

紫蘇	適量
蛋白	適量
砂糖	適量

作法

將紫蘇洗淨，晾乾水分，兩面刷上蛋白，並灑上砂糖，風乾後裝罐放入冰箱保存。

紫色的舒服

若不是梅
若不是生魚片佐上一片葉
你可能不認識
這歷史悠久的紫蘇
古文書早有所載的荏
是香草、是佐料、是天然色料
是藥、也當茶
創意不斷產出中

驚蟄

福菜

陳·年

交節日三月五日~七日

[驚蟄草 生命綠]

倒覆的藝術

一年的冬日，日光正暖
來到苗栗公館
躬逢曬製福菜之盛
宛如名畫「拾穗」一般場景
醃在桶內整顆消水的芥菜
扇形展開日曝翻面再曝循環著
這只是前戲
帶溼的醃菜，塞入瓶甕中捅實
重要的是那醬瓶的倒覆
如厭氧般的發酵，排去汁液
也阻外菌入侵
約莫數月熟成溢香
這覆缸中的菜便是福菜
買一瓶福菜
怎麼老是那窄窄的瓶頸
瓶內塞得滿實難取
這不是老人家刻意要為難你
而是美味的理所當然

二部曲 1

福菜肉丸

洗淨福菜切碎
米酒、太白粉、胡椒、醬油與福菜和肉拌攪
搓成肉丸子蒸煮

[小馬一點靈]

米酒、太白粉、胡椒和醬油為基底，可另外加入蔭瓜仔肉、破布子或醬筍變化口味

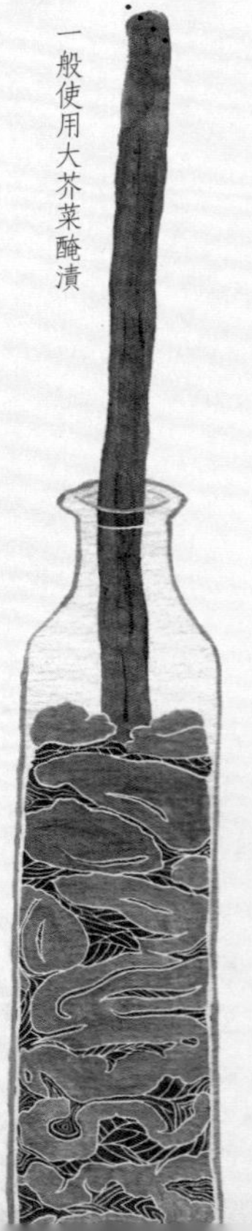

一般使用大芥菜醃漬

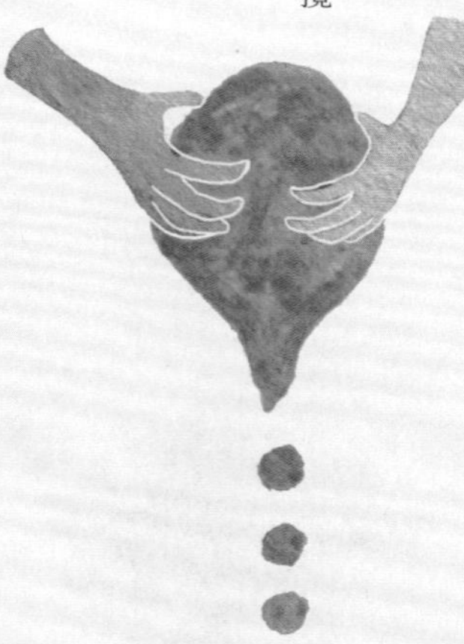

二部曲 2

［燜］苦瓜

可直接利用福菜本身的鹹味烹調而毋需再加鹽
五花肉、排骨和雞肉都適用

［小馬一點靈］

新鮮的苦瓜可保留籽下去烹煮，苦瓜雖苦但籽是甜的
而且苦瓜籽包有一層紅色外皮，白白紅紅的苦瓜和一樣
白白紅紅的五花肉相襯一起，別有趣味
福菜煮越久，鹽味便會更加釋放出來，所以煮出的湯汁
可以像茶泡飯這般方式食用

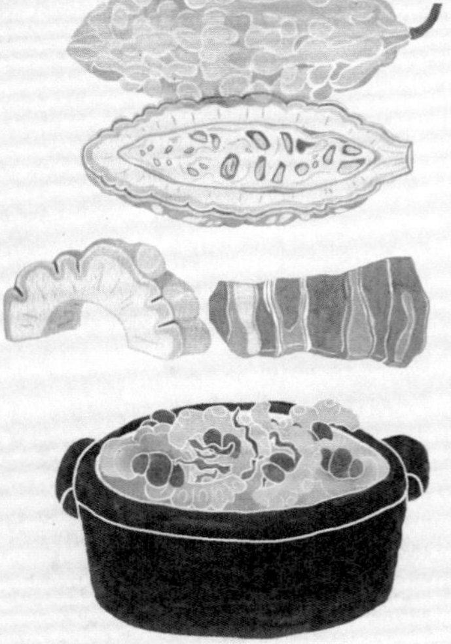

二部曲 3

［燜］桂竹筍

春分

蕗蕎

醋·漬

交節日三月二十日~二十二日

【春分瓣 幸福粉】

小記

小菜
隨時可食

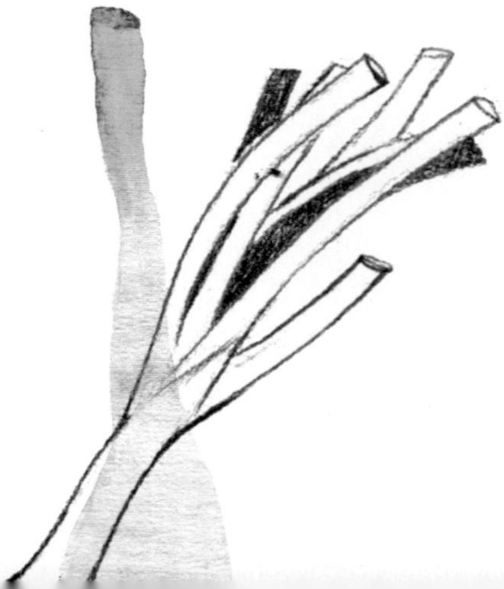

食材

蕗蕎	600g
鹽	20g
水	150c.c
冰糖	20g
米酒	5c.c
糯米醋	20c.c

作法

1.蕗蕎洗淨，用鹽攪拌漬1晚，然後倒出鹽水備用。

2.糖用水小火煮至溶化，放涼加糯米醋、米酒混合。

3.將作法1、2放入玻璃罐內即可食用。

蔥韭蒜合體

葉似蔥、韭，又有像蒜的鱗莖
簡直是蔥、蒜、韭綜合體，又是迷你版
兒時第一次見它，大覺驚奇
原來是薤，又名叫藠
在台灣俗名叫蕗蕎，有人叫蕎頭
原住民稱火蔥，日本人叫良京
以前早餐稀飯常見的漬物配菜
如今少見了
成了野菜、成了特產

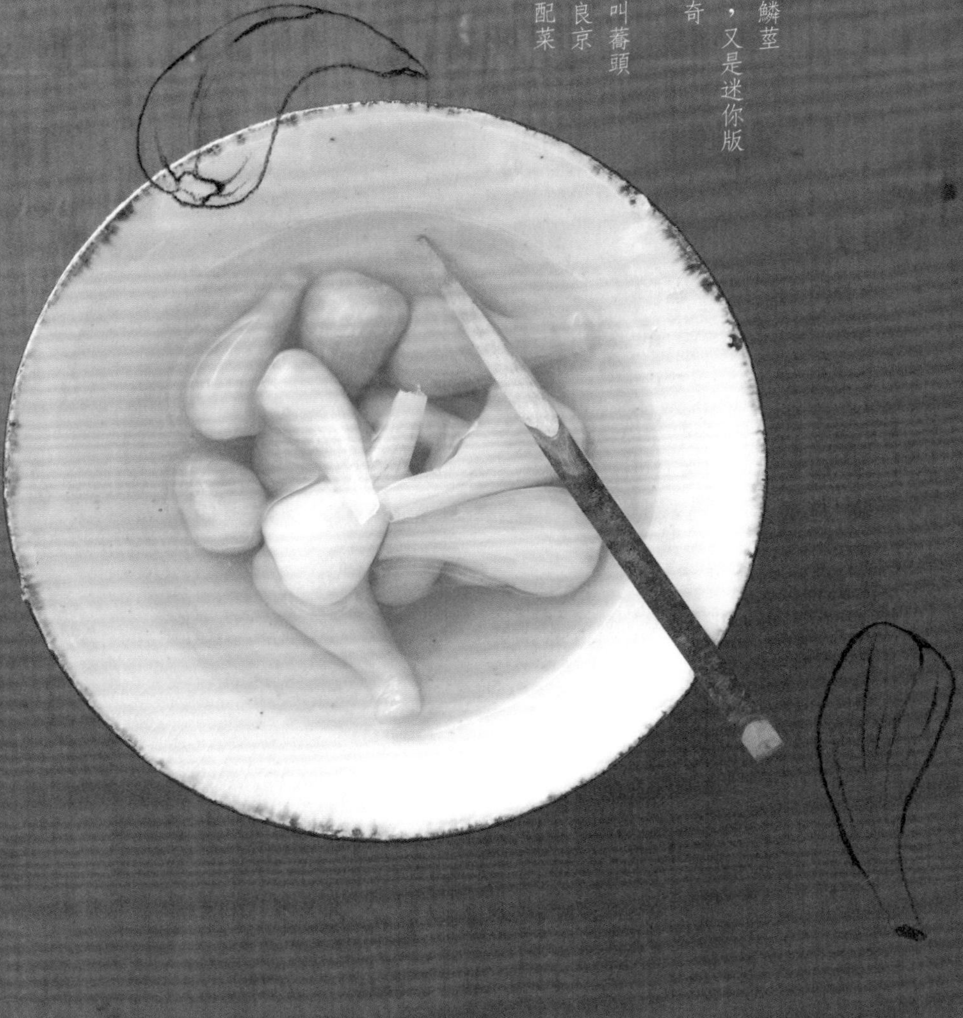

春分

交節日三月二十日~二十二日

【春分瓣 幸福粉】

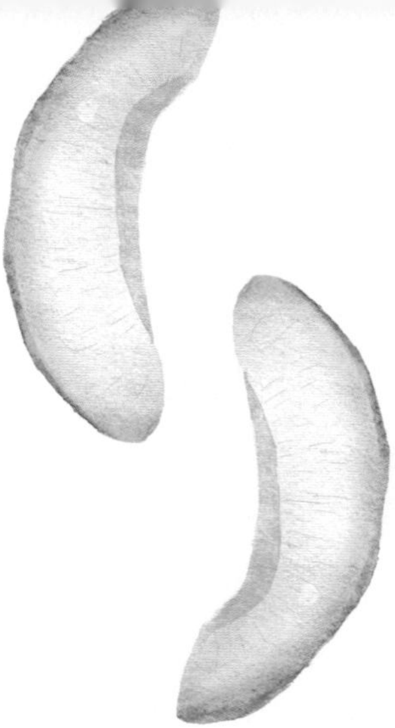

美濃瓜

鹽·漬 二十日

小記 蒸瓜仔肉、切絲炒菜
加薑炒豬肉、紅燒

食材

美濃瓜	5個
鹽	10g
糖	20g
米酒	20c.c
水	200c.c

作法

1.美濃瓜洗淨對剖去籽，用鹽拌勻醃漬，放在有洞的器皿漏盆中，用乾淨的石頭或裝滿水的鍋子重壓2-3天，再曬1天。

2.作法1的美濃瓜用冷開水沖掉灰塵，與冷開水、米酒、糖，一起放入乾淨玻璃罐中，蓋緊放至陰涼處約2-3個星期即可食用。

與美濃無關

甜瓜Melon
用日本片假名發音
台灣用中文書寫
所以變成了美濃瓜
香瓜、梨仔瓜、洋香瓜也都是這瓜
這又香又甜的瓜
產量一過剩，於是也興起了醃漬文化

春分

交節日三月二十日~二十二日

老菜脯

【春分瓣 幸福粉】

陳·年

忘記了時間

以前鄉下的灶腳
光線是昏暗，顏色是深沉的
跟那些老甕一樣，釉亮是多餘的
就陶土燒成的土顏色
而廚房的一隅，壁角、菜櫥下
那些高高低低、瓶瓶甕甕，就像保護色一樣
隱進灶腳的昏暗中，一不留神，就被忘在那裡
當一回神
往往是幾個寒暑以前的事了，甚至更久遠
開封往甕底探尋
原本還含些水分、黃褐的蘿蔔乾
從整個白胖蘿蔔，瘦縮成小黑條
成了老菜脯
時間給它一種獨特的風味
於是菜脯像酒一樣
越陳越香、越陳越奇
這是時間累積的價值
急不來，也做不到

二部曲 1

老菜脯炒野蓮

老菜脯切絲，加薑拌炒

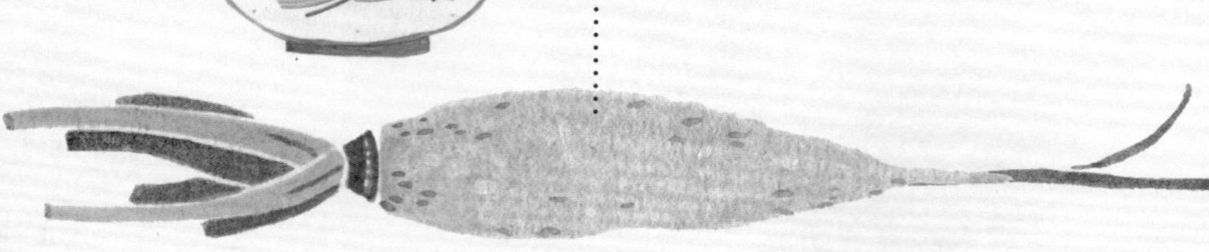

三部曲 2

老菜脯燉雞湯

蘿蔔三代齊聚一堂：
新鮮蘿蔔、蘿蔔乾、老菜脯與雞肉燉煮

［小馬一點靈］
等蘿蔔乾年紀大了，就會變成老菜脯
老菜脯放越久會越黑，口感越軟爛

三部曲 3

老菜脯燉粥

老菜脯切絲或切粒
瘦肉切絲，薑切絲拌煮，最後加入枸杞增添色彩

［小馬一點靈］
燉出來的粥很顧氣管喔

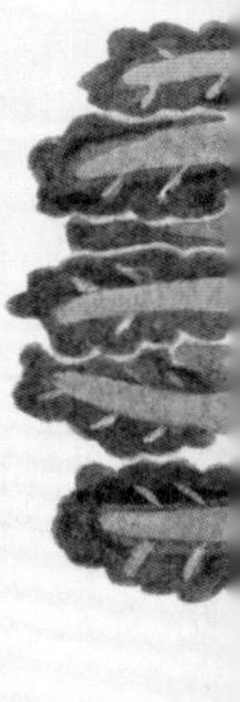

清明

蒜頭

交節日四月四日~六日

「清明飄 柳葉新青」

鹽·漬 六十日

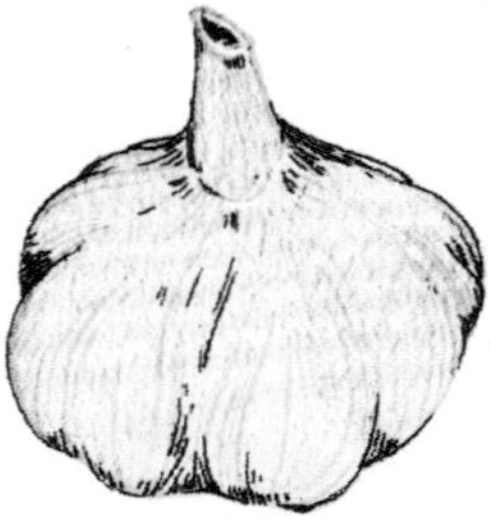

食材

蒜頭	300g
薑	5片
鹽	1大匙
冰糖	300g
果醋	300c.c
蜂蜜	50g

作法

1.蒜頭、薑去皮洗淨，晾乾水分。

2.灑上鹽，用手充分混合靜置1晚。

3.隔天用冷開水浸泡6小時以上，撈起瀝乾水分。

4.將冰糖、果醋加熱至冰糖溶化，放涼後加入蜂蜜混合。

5.取乾淨玻璃罐，放入晾乾水分的蒜瓣、薑片。

6.倒入作法4的醬汁，蓋上蓋子，放在室溫1-2個月以上。

別 蒜片

去皮洗淨切片

記 日曬一日

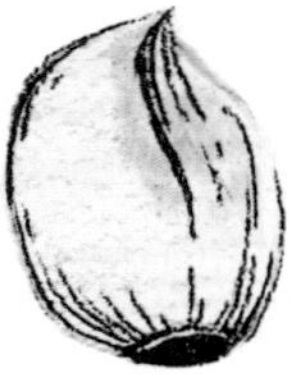

無蒜不香

全世界的大蒜栽種面積
以亞洲為最，佔約8成
可見無蒜不香的華人，對蒜偏愛
而台灣8成以上的蒜來自雲林
產地集中，產期也集中
於是蒜價也起伏，本產與進口拉鋸
在菜市場上，抓起一把蒜頭
誰能釐清這蒜頭產業的問題？

清明

交節日四月四日~六日

【清明飄 柳葉新青】

蜂蜜漬玫瑰

糖·漬 十四日

食材

蜂蜜	200g
玫瑰	100g
冰糖	10g

作法

1.將玫瑰花瓣洗淨，晾乾水分。

2.將玫瑰與冰糖用手搓揉至冰糖與花瓣充分混合成紅色，倒入罐中與蜂蜜混合，放陰涼處2個星期後風味最佳。

小記

抹醬、調飲

冰品、加入優格

勤勞的甜蜜

春暖花開，蜂兒採蜜忙
養蜂人家也是遊牧族逐花而居
從清明到穀雨
是他們的「蜜月期」
有人估算要產出一公斤的蜜
一隻蜜蜂要造訪上百萬朵花
飛行總計四十五萬公里
這距離要繞地球十一圈
勤勞的代價
而我們卻可以輕易得嚐

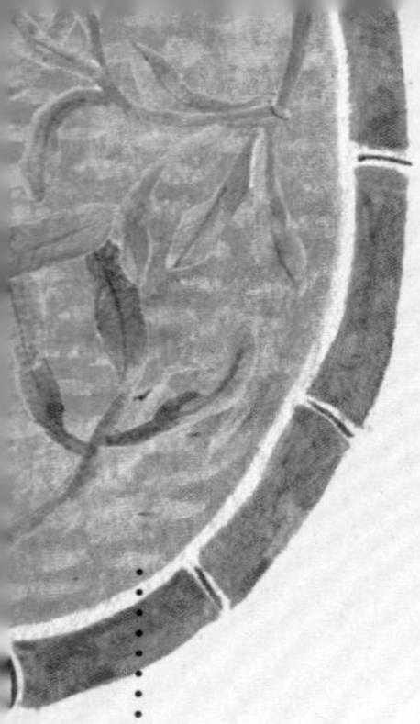

清明

鼠麴草

陳·年

交節日四月四日~六日

[清明飄 柳葉新青]

信手捻來便是一絕

從小，我們都叫它「刺殼仔」
長大後，原來形諸文字是「鼠麴」
那田間野地到處蔓長的草
捻它頂生帶花苞的嫩莖葉
曬乾了，花序爆成像霉菌絲般的棉球
洗淨搓碎入水熬煮
和攪入漿米糰裡
除了紅龜粿是討喜的紅外
便是這帶綠的草仔粿
清清草香味，讓米粿百吃不膩
這清明時節遍地生長
入粿祭祖的鼠麴
好就地取材、好應景

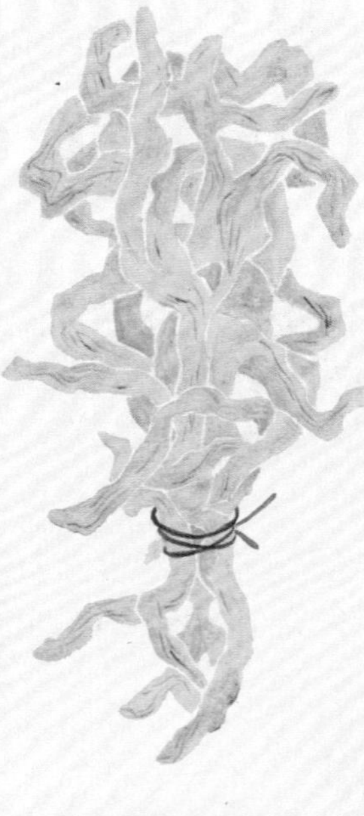

草訣 1 鼠麴香草束

將鼠麴草綁成一束束，蒸魚、煮雞湯時作為香料佐味

2 草訣

草香麵疙瘩

洗淨鼠麴草打成泥狀
與中筋麵粉攪和，揉成麵糰
捏製成自由形麵疙瘩
便是美麗的一餐

［小馬一點靈］

現打現做的鼠麴草麵糰會呈現接近黃綠色的顏色，擱置於外過久色澤會變暗沉，所以捏好的麵疙瘩若沒吃完建議放入冷凍庫保存，維持色澤和口感的鮮度

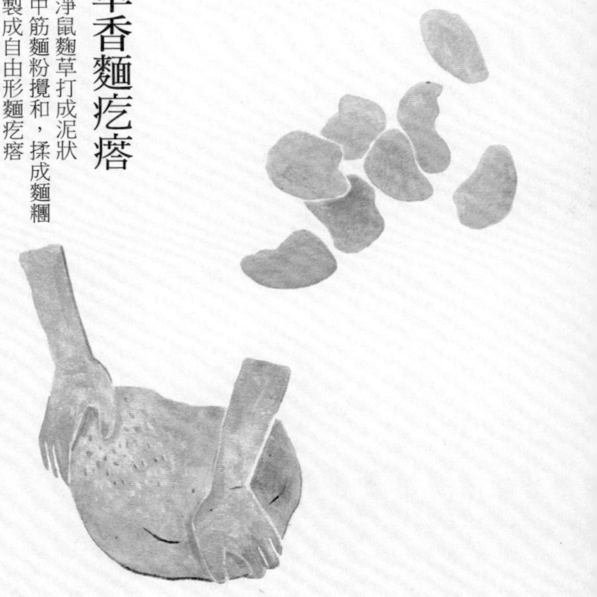

3 草訣

來做草仔粿囉

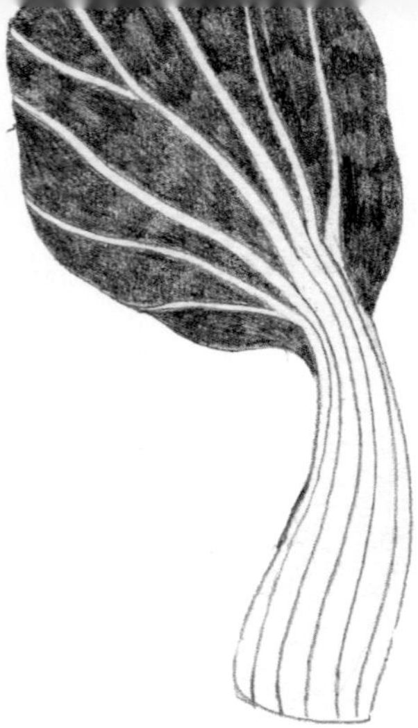

穀雨

雪裡紅

鹽·漬

交節日四月十九日~二十一日

[穀雨豆 愛笑墨綠]

食材

油菜、蘿蔔葉或小芥菜	800g
鹽	10g

作法

1.芥菜洗淨，瀝乾水分。

2.芥菜分層放入保鮮盒中，一層芥菜，一層鹽，稍微按壓、搓一下，半小時後再搓一下，重複3次後即可放入冰箱冷藏保存。

小記

炒肉絲、炒雪菜百頁豆腐

炒年糕、煮麵、包子內餡

獨有的嗆味

雪裡紅
一把小芥菜、蘿蔔嫩葉也可以
一把鹽，輕輕搓揉一下
靜置一、兩天
葉還很鮮鮮綠綠
切得細細碎碎
雪菜、雪裡紅
如此唾手可得

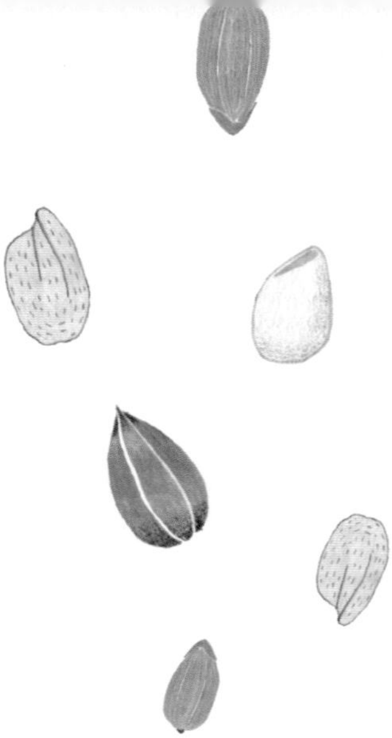

穀雨

交節日四月十九日~二十一日

【穀雨豆 愛笑墨綠】

五穀雜糧

糖·漬

小泡茶
記煮甜粥

食材

紫米	200g
糖漬桂花	1g

作法

1.將紫米洗淨，晾乾水分。

2.將紫米倒入鍋中乾炒至水分蒸發，完全乾燥炒香約20分，待涼後拌入糖漬桂花放入罐中保存。

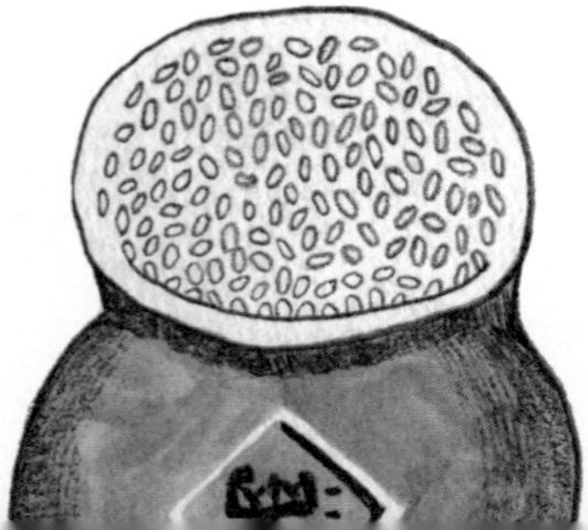

吃飽飽吃穀穀

雨生五穀，這時佈穀而望雨
古早的稻、黍、稷、麥、菽
如今五穀涵括一切糧食作物
米麥雜糧
收成有時、得存貯無期
才配日常主食
轉成漿粉
更百變萬用

穀雨

香草糖 V.S 香草鹽

交節日四月十九日~二十一日

[穀雨豆 愛笑墨綠]

陳·年

食材

1. 鹽 80g
   綠茶、櫻花蝦、芥末粉、香菜、香菇 共計20g
2. 鹽 80g
   薑黃、蒜、白胡椒、橘皮、紅茶 共計20g
3. 鹽 80g
   玫瑰、洛神、檸檬皮、玫瑰天竺葵 共計20g
4. 糖 80g
   玫瑰、洛神、檸檬皮、玫瑰天竺葵 共計20g
5. 糖 80g
   橘皮、丁香、肉桂、香草 共計20g

作法

將食材放入食物調理機打成粉狀，裝瓶即可。

廚房的魔法師

廚房裡有什麼乾貨呢？
院落裡有什麼花穗呢？
我們的廚房應該要用來創作的

三部曲 ① 鹽+綠茶+櫻花蝦+芥末粉+香菜+香菇

可醃魚、烤魚、蝦等海鮮類
茶泡飯、茶湯
淺漬涼拌小菜

[小馬一點靈]：漬蘿蔔

蘿蔔先灑上一般食鹽去澀水，再加上香草鹽調味靜置一晚

2 二部曲
鹽+薑黃+蒜+白胡椒+橘皮+紅茶
紅燒肉
醃製肉品
塩
Vanilla Salt
3 二部曲
鹽+玫瑰+洛神+檸檬皮+玫瑰天竺葵
海鮮類湯品
蘿蔔湯、雞湯
塩
Vanilla Salt
4 二部曲
糖+玫瑰+洛神+檸檬皮+玫瑰天竺葵
製作甜湯
Vanilla Sugar
V.S
Vanilla Sugar
5 二部曲
糖+橘皮+丁香+肉桂+香草
製作甜湯

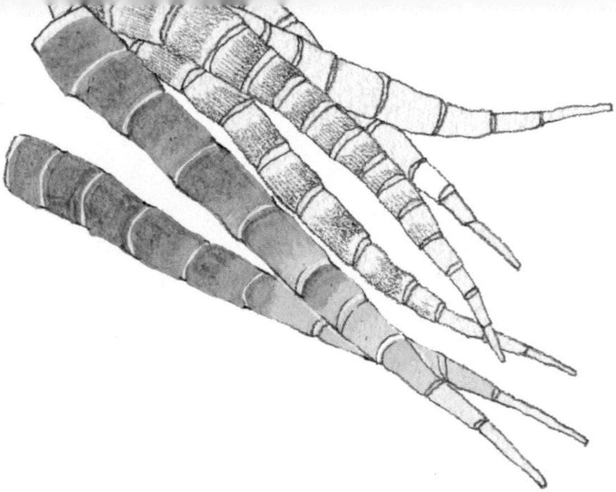

立夏

交節日五月五日~七日

[立夏得穗 天空很藍]

雲筍

鹽·漬
二~三日

食材

箭筍	1800g
鹽	15g

作法

將箭筍去殼洗淨晾乾，切片放入大調理盒中，加入鹽拌勻，用石頭或重物壓幫助出水，放在室溫下2-3天，每天翻動幫助筍片完全浸泡鹽水中。酸度OK後倒入乾淨玻璃罐中，放入冰箱冷藏延緩酸化。

小記

單吃即好吃
拌炒肉絲

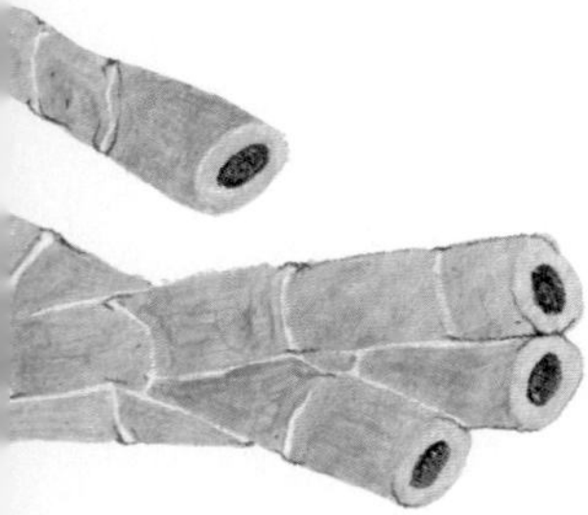

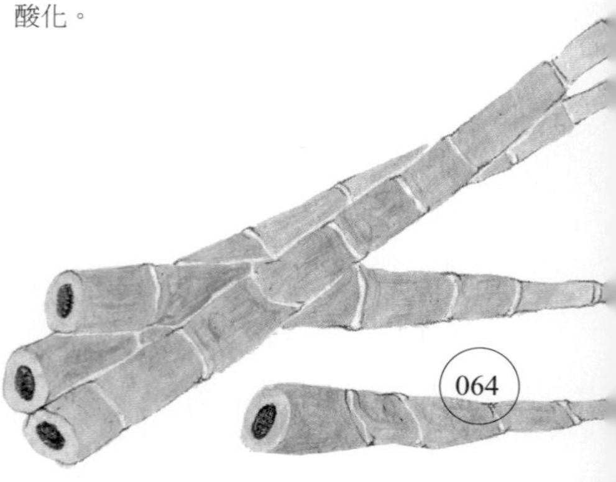

瓶中的竹林

不像麻竹、綠竹、刺竹般粗大
箭竹竹桿纖細筆直堅韌，適於製箭而得名
傳統製箭用途少了
反倒是箭竹筍成了箭竹吸引人之處
是山珍是野味
箭竹筍有人稱劍筍、孤竹仔筍，更美名叫雲筍
細長的筍尖
在瓶中種出一叢竹林來

立夏

交節日五月五日~七日

【立夏得穗 天空很藍】

柳松菇

油·漬

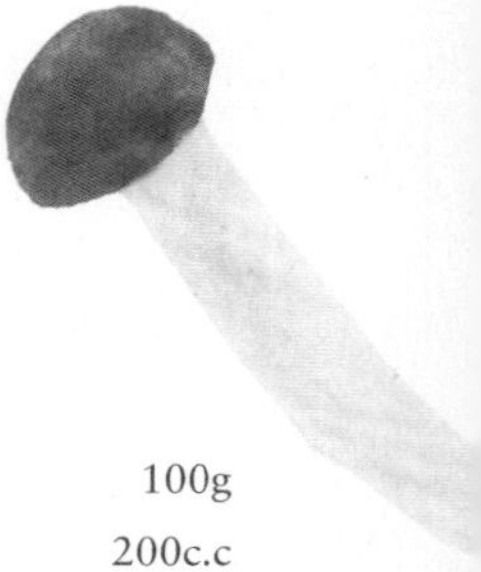

食材

柳松菇	100g
葵花油	200c.c
鹽	5g(1小茶匙)
梅醋	10c.c
月桂葉	1片
蒜片	2瓣

作法

鍋中倒入葵花油加熱，放入柳松菇炒熟炒香，加入蒜片、鹽、月桂葉拌炒，隨即加入梅醋，熗一下即關火，放涼浸漬即可（喜歡吃辣可加辣椒）。

小記

拌麵、生菜拌吃

炒肉、夾入三明治

菇菇進行曲

早期我們吃的蕈類不多
乾的香菇、木耳，鮮的蘑菇、草菇
現今栽培技術成熟了
這看得見的菌蔚成產業
讓珍稀也變得近人
讓每個人都抱持著新鮮感
逐一品嚐它、料理它

立夏

紅心芭樂果乾

交節日五月五日~七日

[立夏得穗 天空很藍]

陳·年

赤心童年

阿伯家後面的那棵龍眼
是我看過最高大的一棵
一旁有幾棵芭樂，是兒時流連的地方
芭樂不足奇，稀罕的是其中一棵紅心芭樂
樹下落果撲鼻香，吸引小童往樹上攀
找尋枝頭那將熟的果子
太軟熟的，小心裡頭有蠕蠕的蟲子
龍眼樹下，我被蜂螫得最慘
芭樂叢們早都不在了
又在水果攤前被喚醒
在阿伯家後廳泡茶，聊過往點滴
向誰說，那龍眼樹頭應該就在這裡

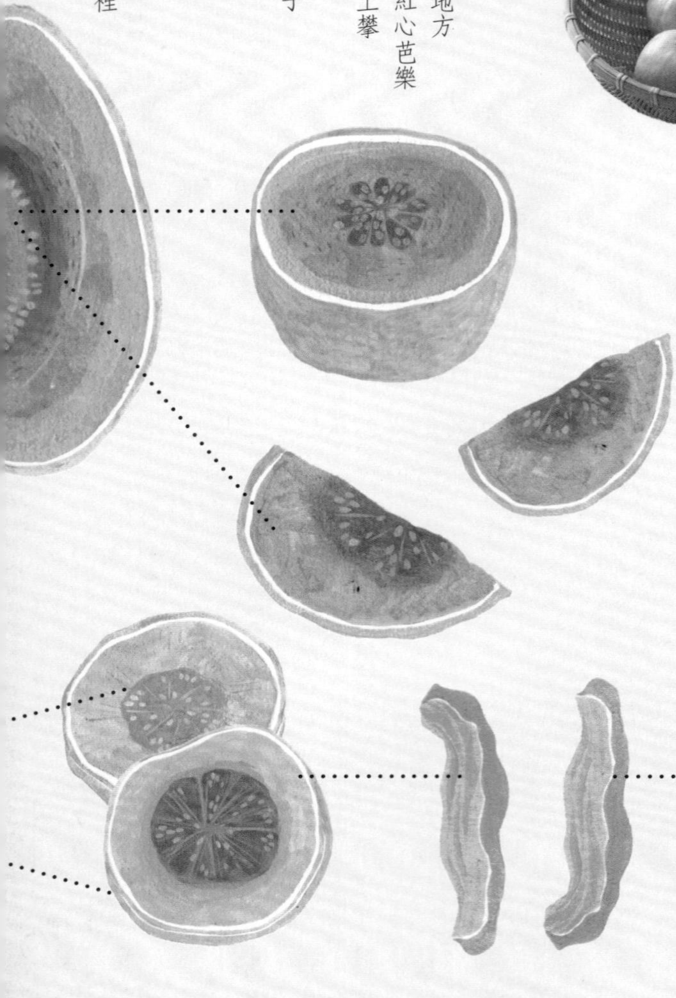

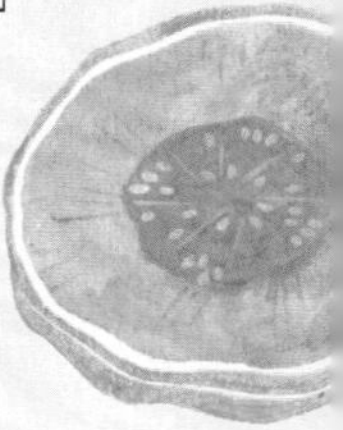

食材

紅心芭樂　　適量

作法

1.將水果洗淨、晾乾，切片約1-1.5公分。

2.取一烤肉網，上鋪一層烘焙紙，將水果平鋪日曬3-5天，要常翻動，晚上需收起來，水分日曬得愈乾較易保存。

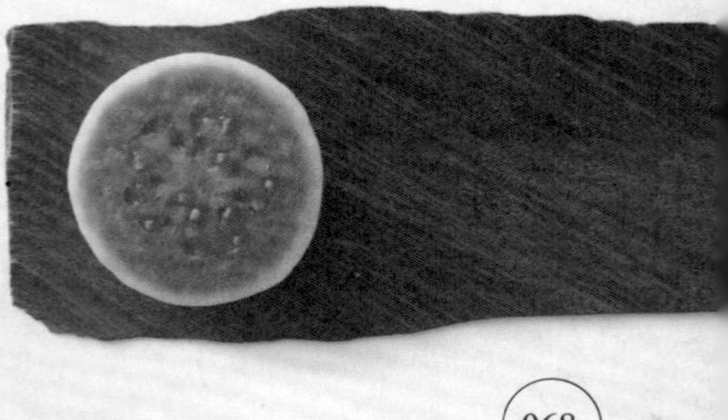

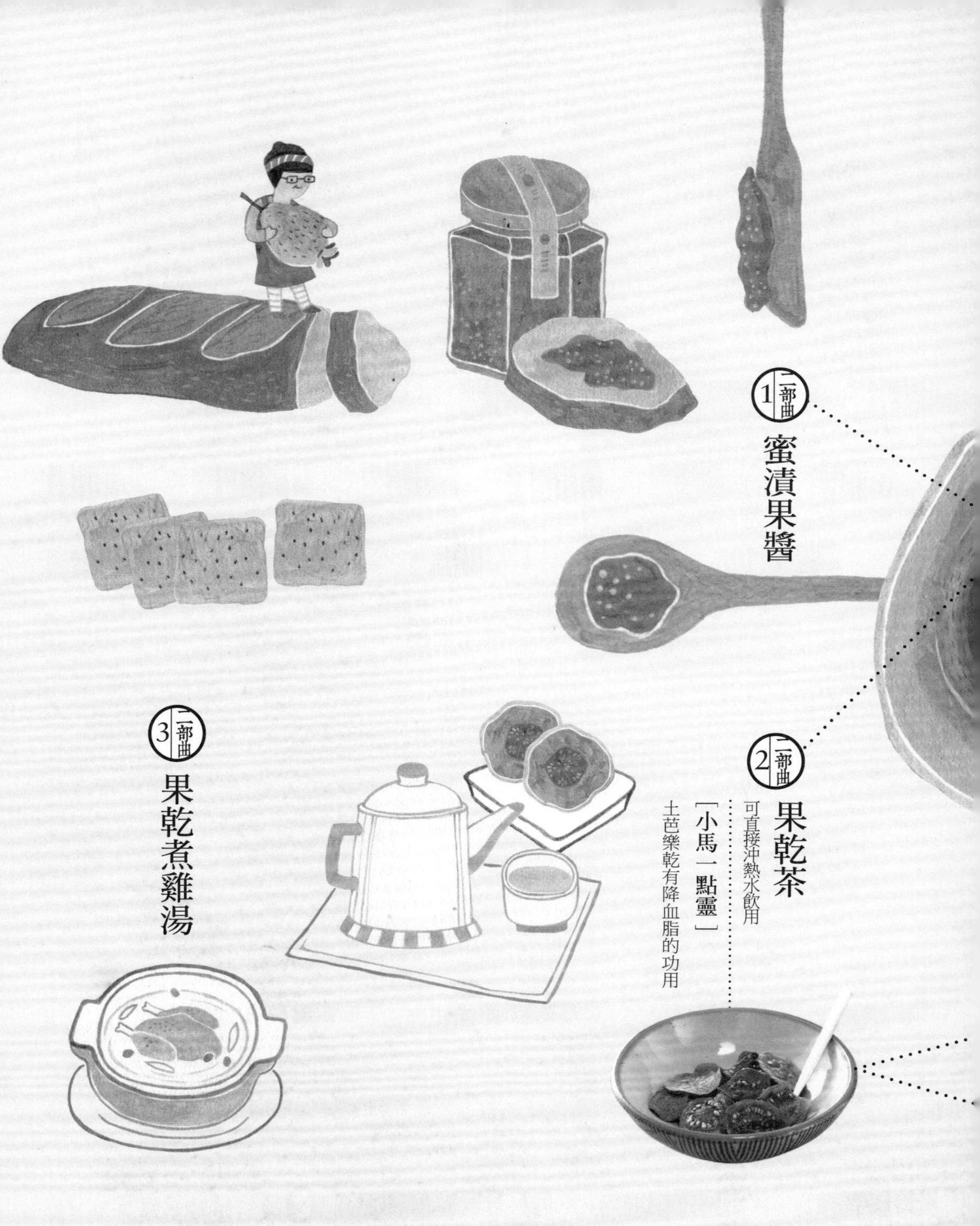
1 三部曲
蜜漬果醬
2 三部曲
果乾茶
可直接沖熱水飲用
［小馬一點靈］
土芭樂乾有降血脂的功用
3 三部曲
果乾煮雞湯

小滿

交節日五月二十日~二十二日

［小得盈滿 日黃熟］

醋漬西瓜

醋·漬

食材

西瓜棉	300g
鹽	2大匙
水	400c.c
糯米醋	400c.c
冰糖	15g
月桂葉	2片
黑胡椒粒	7顆

作法

1.在鍋中放入鹽、水，煮開放涼。

2.西瓜棉放入作法1的鹽水中約30分鐘備用。

3.另一鍋中放入糯米醋、冰糖、月桂葉、黑胡椒粒煮開，放涼倒入玻璃罐中。

4.將作法2的西瓜棉撈出，瀝乾水分，倒入作法3中，密封放入冰箱冷藏保存。

小記

西瓜棉魚湯

食材

醋漬西瓜棉	適量
鱸魚	1尾
薑絲	20-30g
米酒	20 c.c
水	800-1000c.c
鹽	少許

作法

1.鱸魚洗淨切塊備用。

2.取一湯鍋，加入清水待水滾先放入作法1的魚，再下薑絲、醋漬西瓜棉（若喜歡酸一點可多放）。

3.最後淋上20c.c的酒，少許鹽即可。

夏日愛分享

這源自熱帶的水果
愛沙質土壤、喜溫暖乾燥
在夏天滿足消暑的渴望
紅豔多汁沙棉果肉
誇示著熱情
動輒十幾斤
告訴你，要懂得分享

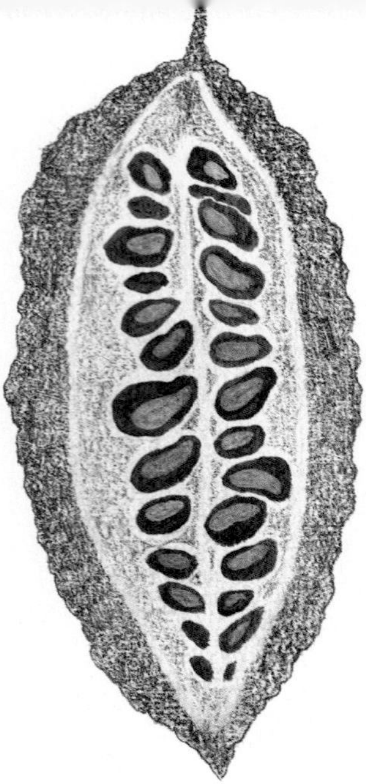

小滿

交節日五月二十日~二十二日

【小得盈滿 日黃熟】

苦瓜

醋·漬
一日

食材

苦瓜	100g
話梅	4顆
果醋	20c.c
檸檬	半顆
冰糖	30g

作法

1.將苦瓜洗淨，去籽切片。

2.將水煮開放入苦瓜汆燙，撈起過冰水備用。

3.將話梅、果醋、冰糖加熱煮滾，待冰糖溶化加入檸檬，熄火放涼，與苦瓜拌勻，放入冰箱醃漬1晚。

小 小菜

記 夾三明治

吃苦吃補

在學術上，苦瓜還有別名
釋迦有名蕃荔枝，苦瓜又叫錦荔枝
而癩瓜、癩葡萄最讓人生笑
都與它的疣狀突出外表有關
良藥苦口一向根深蒂固
所以面對苦瓜的苦便釋然
有益健康，而且有養生藥性
吃苦當做吃補
不是嗎？

小滿

豆腐乳

陳·年

交節日五月二十日~二十二日

【小得盈滿 日黃熟】

① 二部曲

腐乳雞(紅麴、甜酒、酒糟口味)

炸腐乳雞

雞肉先以薑、紹興酒、醬油、豆腐乳醃製半小時以上
雞肉裹上酥炸粉下鍋油炸

紅燒腐乳雞

雞肉先以薑、紹興酒、醬油、豆腐乳醃製半小時以上
加上蒜末鍋炒，接著再加入蔥、辣椒續炒
淋上米酒，收湯汁即完成

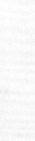

驕傲的東方乳酪

這是一門很老很老的手藝
將很東方的豆腐
再用東方文化浸漬一次
道道地地成了「東方人的乳酪」
豆腐與麴，還有時間
小夾一隅，便可以呼嚕呼嚕下碗稀飯
用清粥倍嚐腐乳原味
迎合著台灣人的口腹
豆腐乳也歡喜隨味，變化多端
現在不只佐飯了
還是萬用調味料、沾醬
我們早該以此為傲的

2 二部曲

腐乳義大利麵

豆腐乳切碎，加入鮮奶及鮮奶油
高麗菜、洋蔥切碎炒香，再倒入醬汁裡共同拌炒，完成

【小馬一點靈】
鮮奶與鮮奶油的比例可依個人口味做調整，鮮奶油
多點醬汁會較濃郁，反之則較清爽

3 二部曲

粉蒸肉

先以地瓜、馬鈴薯鋪底
將五花肉(或梅花肉)以薑、紹興酒、醬油、豆腐乳醃製半小時以上
把醃製好的肉灑上蒸肉粉翻攪
將一整坨已沾上蒸肉粉的肉直接放在地瓜、馬鈴薯上面，一起蒸煮

【小馬一點靈】
完成的粉蒸肉建議可以夾饅頭食用，甜甜鹹鹹的口味非常好吃
拌飯也很棒

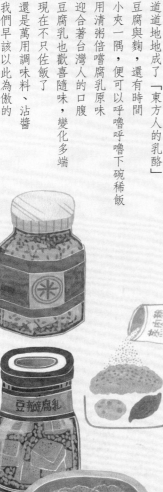

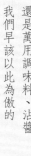

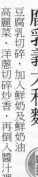

芒種

綠竹筍

交節日六月五日~七日

[芒種端陽 快樂橋]

鹽·漬
二~三日

小記

清炒、煮湯
紅燒

食材

綠竹筍	1800g
鹽	15g

作法

將綠竹筍去殼洗淨晾乾，切片放入大調理盒中，加入鹽拌勻，用石頭或重物壓幫助出水，放在室溫下2-3天，每天翻動幫助筍片完全浸泡鹽水中。酸度ＯＫ後倒入乾淨玻璃罐中，放入冰箱冷藏延緩酸化。

彎彎白白everyday

有些竹筍須先汆煮去除苦澀
這讓綠竹筍佔了好大便宜
口感細緻、滋味清甜
簡單冷筍沙拉，擄獲夏日味蕾
白、彎、肥、矮
準是一支好筍

芒種

交節日六月五日~七日

［芒種端陽 快樂橘］

曬太陽的芒果果乾黑糖漬

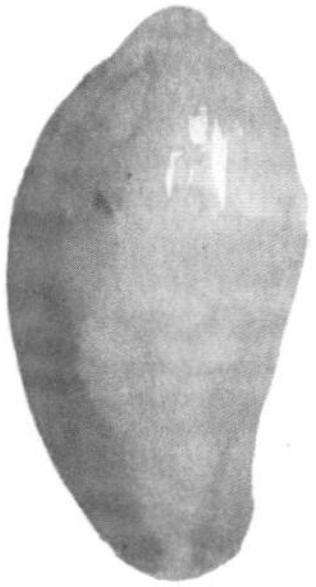

糖·漬

食材

老薑	200g
黑糖	300g
水	200c.c
芒果乾	200g

作法

1.先將老薑洗淨切片，放入冷水泡1小時。

2.慢慢加熱至煮沸，煮20分鐘後關火，蓋鍋蓋燜20分鐘。

3.打開鍋蓋，煮滾，加入黑糖，煮沸至濃稠狀時加入芒果乾，再煮滾即可放涼裝罐，放入冰箱保存。

採果忙到芒果爽

台灣的芒果
雖產自南台灣
產季一到，全台刮起一陣黃色旋風
鄉下採果忙，城市芒果爽
從土檨仔、愛文、金煌、凱特
一路接棒
給你黃黃的端陽

芒種

交節日六月五日~七日

[芒種端陽 快樂橋]

東方美人

陳·年

害與益的迷思

對於害蟲與益蟲的界定
本來就太唯收益獨尊了
會吃穀子、水果的鳥，成了害鳥
可是明明牠身段優雅、鳴聲悅耳，對我頗益
會吃掉菜葉的蟲是害蟲
可是我們又想念那翩翩起舞的蝶影
蜜蜂幫忙牠授粉又製蜜，益蟲
這種小小的浮塵子、很會跳的小綠葉蟬，害蟲
照啃牠愛吃的葉
沒想到啃出功勞來
「著涎」的青心大冇
製出蜜香、果香濃郁的東方美人
要有這等好茶，非靠牠不行
所以，害與益
還要劃得這麼分明嗎？

1 二部曲 茶葉蛋

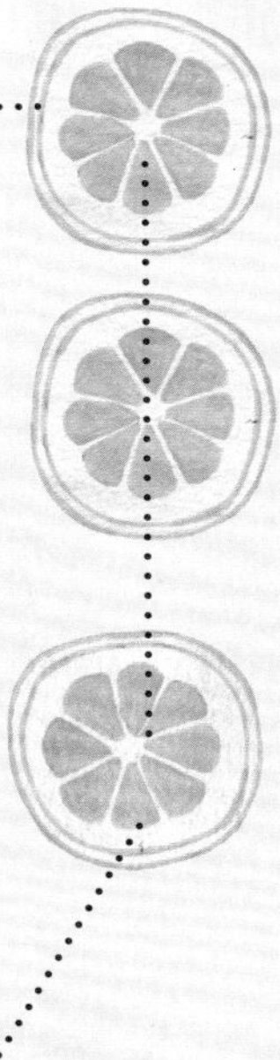

3 二部曲 檸檬茶片

先將東方美人磨成茶粉狀
檸檬切片，在檸檬片灑上冰糖和剛剛磨好的茶粉
一般作為餐後甜點食用

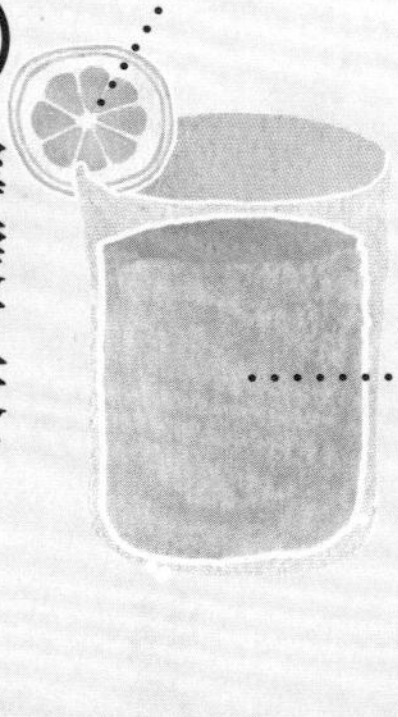

4 二部曲 檸檬紅茶

切幾片檸檬加入即可

2 二部曲 滷味

→會透出淡淡茶香

5 二部曲 茶凍

煮好紅茶後加入吉利丁粉，待之結成凍狀

【小馬一點靈】

想要吃健康一點的，則可選擇海藻膠。不論是吉利丁或海藻膠，比例均視個人口味添加

夏至

鳳梨

鹽·漬 六十日

交節日六月二十日~二十二日

［夏至荷 仙女紅］

食材

鳳梨	500-600g
鹽	40-50g(2大茶匙)
冰糖	120g
乾白豆豉	30g
米酒	少許

作法

1.鳳梨去皮，連心切成大小一樣的扇形備用。

2.乾白豆豉用米酒把雜質洗掉，撈起備用。

3.將作法2的白豆豉與冰糖、鹽混合。

4.在乾淨的玻璃罐中先鋪一層鳳梨一層作法3的醃料，不斷重複直到滿。通常鳳梨會出水縮一下，這時還會有空間再塞，最後淋少許米酒。

5.蓋上蓋子約2個月左右，鳳梨顏色變醬色即可。

小記

煮苦瓜雞

蒸魚、炒菜

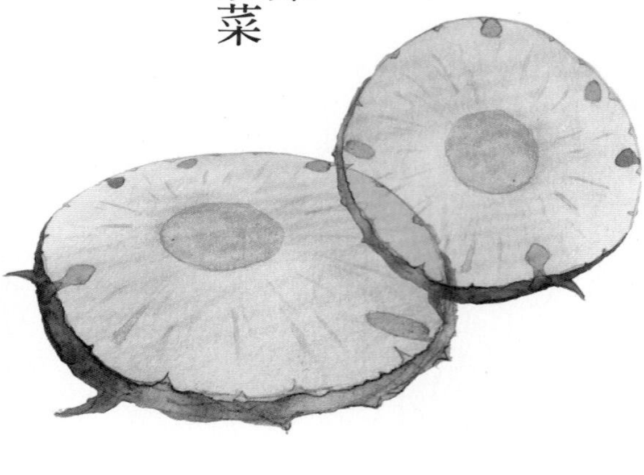

不怕鳳梨刺

五年級小學生的暑假
不上學，卻得下田摘鳳梨
葉刺不成難題，渴了直接殺鳳梨
採了整車拉往市集
個頭一二三分等，不入等的叫「格外」
那時鳳梨是生計
現在鳳梨是回憶
也沒料到鳳梨酥是萬人迷

夏至

交節日六月二十日~二十二日

[夏至荷 仙女紅]

木瓜

糖·漬

食材

木瓜	300g
冰糖	100g
檸檬	半顆

作法

1.木瓜去皮去籽，切成小塊。

2.將木瓜倒入鍋內，加冰糖煮開後，加檸檬汁煮至稠狀即可，倒入乾淨玻璃罐中，蓋上蓋子，倒置放涼再回正，即呈真空狀態。

小記

抹醬、調飲

加入優格

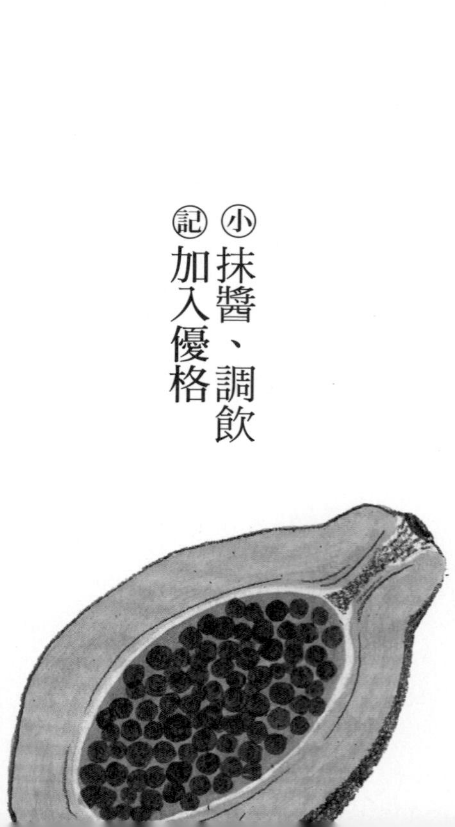

熟瓜　青瓜

許多農產食材，成熟了才吃
還有許多，未熟也能吃
玉米吃到玉米筍
檨仔吃到檨仔青
熟木瓜是水果
青木瓜變成了菜
熟瓜青瓜兩樣情
顏色、口感、風味大不同

夏至

蔭冬瓜

交節日六月二十日~二十二日

[夏至荷 仙女紅]

陳·年

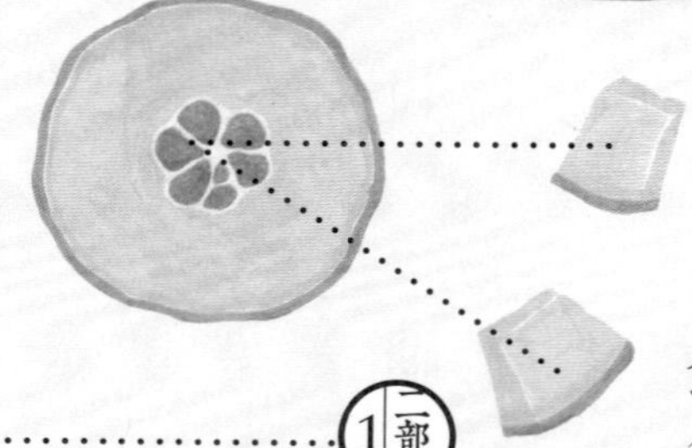

食材

冬瓜	1000g
黃豆醬	100g
鹽	250g
糖	20g
甘草	3片
米酒	適量

作法

1.冬瓜去皮去籽，切成5公分厚，吊起日曬1天，再切成塊狀，加鹽，充分搓勻放在乾淨容器中以石頭或重物壓1夜，第2天取出瀝乾水分，再日曬1天，降溫放涼備用。

2.將黃豆醬、鹽、糖、甘草充分拌勻，加入20c.c米酒拌好備用。

3.取一乾淨玻璃罐，以一層作法2的材料，一層冬瓜……層層堆疊的方式放完，再注滿米酒蓋過食材，密封好放在陰涼處約1個月即可。

1 二部曲

鮑魚干貝蒸冬瓜

冬瓜切成一小塊一小塊四方形，在面上輕輕劃幾刀方格淺痕，拿進鍋裡蒸熟

另外切數塊較小冬瓜，剁成泥，與蔭冬瓜、薑泥摻攪一起

取出蒸熟的冬瓜塊，放上一顆干貝或鮑魚，再於最上層放一小坨剛剛製好的冬瓜泥

放入鍋中二次蒸煮，起鍋後加點薑絲

瓜的大部頭

冬瓜可是道地的夏瓜
怎麼以冬為名呢？
原來只要保持完整，沒有蟲害，耐儲可以放到冬天不壞
也有一說，熟瓜上的白色臘粉像冬季的霜
沒有瓜比冬瓜還更大塊頭了吧
也沒有哪户人家，可以一口氣消化整條大冬瓜
所以菜攤架上賣的都是冬瓜的微分
大冬瓜鮮食有限
大冬瓜勢必還有其他保存法
甜的冬瓜糖、冬瓜茶
鹹的莫過蔭冬瓜
新鮮時清美無比

2 二部曲 蔭冬瓜蒸魚

鱸魚、鱈魚、虱目魚都是很好的選擇
鋪上薑片，灑上蔥
蔭冬瓜切丁或剁泥加入
淋上米酒，大火蒸煮十五分

3 二部曲 鳳梨冬瓜雞

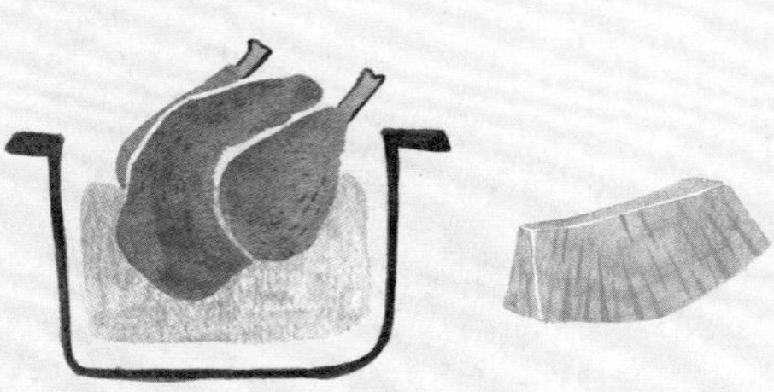

小暑

交節日七月六日~八日

【小暑知了 童年綠】

釋迦咖哩醬

鹽·漬

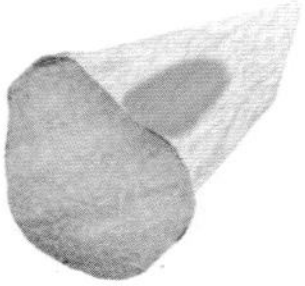

食材

釋迦	600-800g
洋蔥	100g
咖哩粉	10g
鹽	適量
蔬菜油	少許

作法

1.將釋迦果肉取出去籽備用。

2.鍋中放入少許蔬菜油將洋蔥炒香，再加入咖哩粉拌炒，倒入釋迦拌炒均勻，起鍋前加鹽調味即可。

小記：抹醬、煮咖哩燉肉

立地成佛

四百年前荷蘭人引進釋迦
這長相像佛頭的佛頭果
從番邦引進像荔枝的番荔枝
在東台灣發揚光大，成為世界之最
一年可以夏秋兩穫
品質、技術、產量三冠王
傳統大目種與鳳梨釋迦兩大類
我還是喜歡經典型與味
你呢？

小暑

交節日七月六日~八日

「小暑知了童年綠」

陽光葡萄

全日曬 十四日

葡萄棚下的消長

民國八十五年之前
台灣有三千多公頃葡萄園
種的是小小綠綠酸酸的金香葡萄
契作用來釀酒
契約停了
釀酒葡萄消了，鮮食葡萄長了
巨峰儼然台灣葡萄的代表
葡萄不只鮮食
還有許多文化待時間孕育

日曬

夏「六~八月」冬「十二~二月」兩收

食材

葡萄	適量

作法

葡萄整串用水清洗晾乾水分，整串用繩子綁著吊起來像日曬衣服一樣，全日曬（晚上要收起來）約1-2個星期。

小暑

交節日七月六日~八日

【小暑知了童年緣】

鯊魚煙

陳·年

顧不了君子了

小暑大暑無君子
天氣熱得顧不了衣冠楚楚
寬衣解帶納個涼吧
天氣也顧不了君子了
颱風報到，風雨隨它高興
六月鯊，多到連狗都不拖
我也顧不得君子了
小小湊和著海洋的節奏開個葷

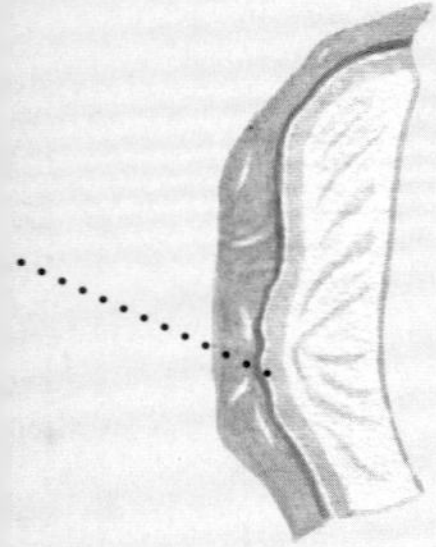

① 山海週 鯊魚煙佐醬油膏＋哇沙米＋薑絲

② 山海週 炒鯊魚煙

放薑爆香
煎鯊魚煙直至表面恰恰
倒入醬油和烏醋(半煎煮)
加入蒜苗，蓋鍋燜煮
最後淋上米酒，起鍋完成

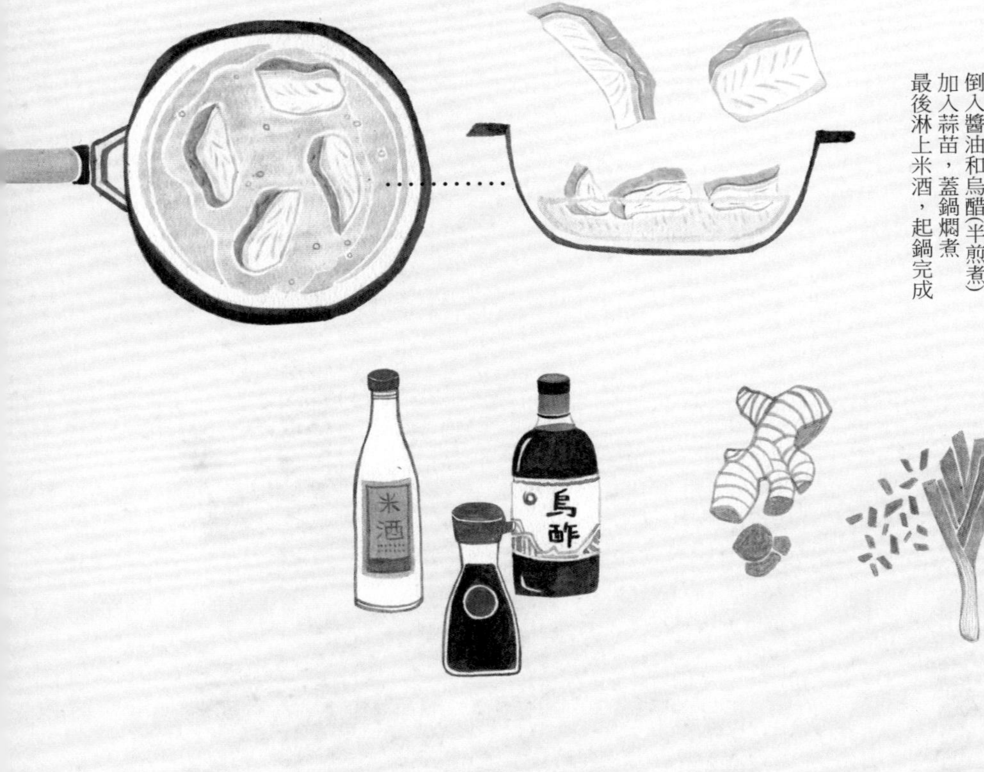

大暑

交節日七月二十二日~二十四日

【大暑熱　星光寶藍】

酒漬紅棗

酒·漬
七~十日

食材

乾燥紅棗	600g
米酒頭	200c.c
冰糖	50g

作法

1.將紅棗用酒清洗一次。

2.取一乾淨玻璃容器放入紅棗，並注入酒、冰糖，7-10天後紅棗吸滿酒即可。

小記

煮湯、桂圓紅棗糯米粥、零食

泡茶（泡菊花茶、薑茶時加）

吃過鮮紅棗嗎？

唐山過台灣
紅棗向來是中國大陸的天下
我們吃著用著，吃出自己的天下來了
苗栗公館的後龍溪沖積地
台灣紅棗的根據地
原來鮮棗是這般滋味
新一代的棗農
更對環境友善
更尊重自然
更養生健康

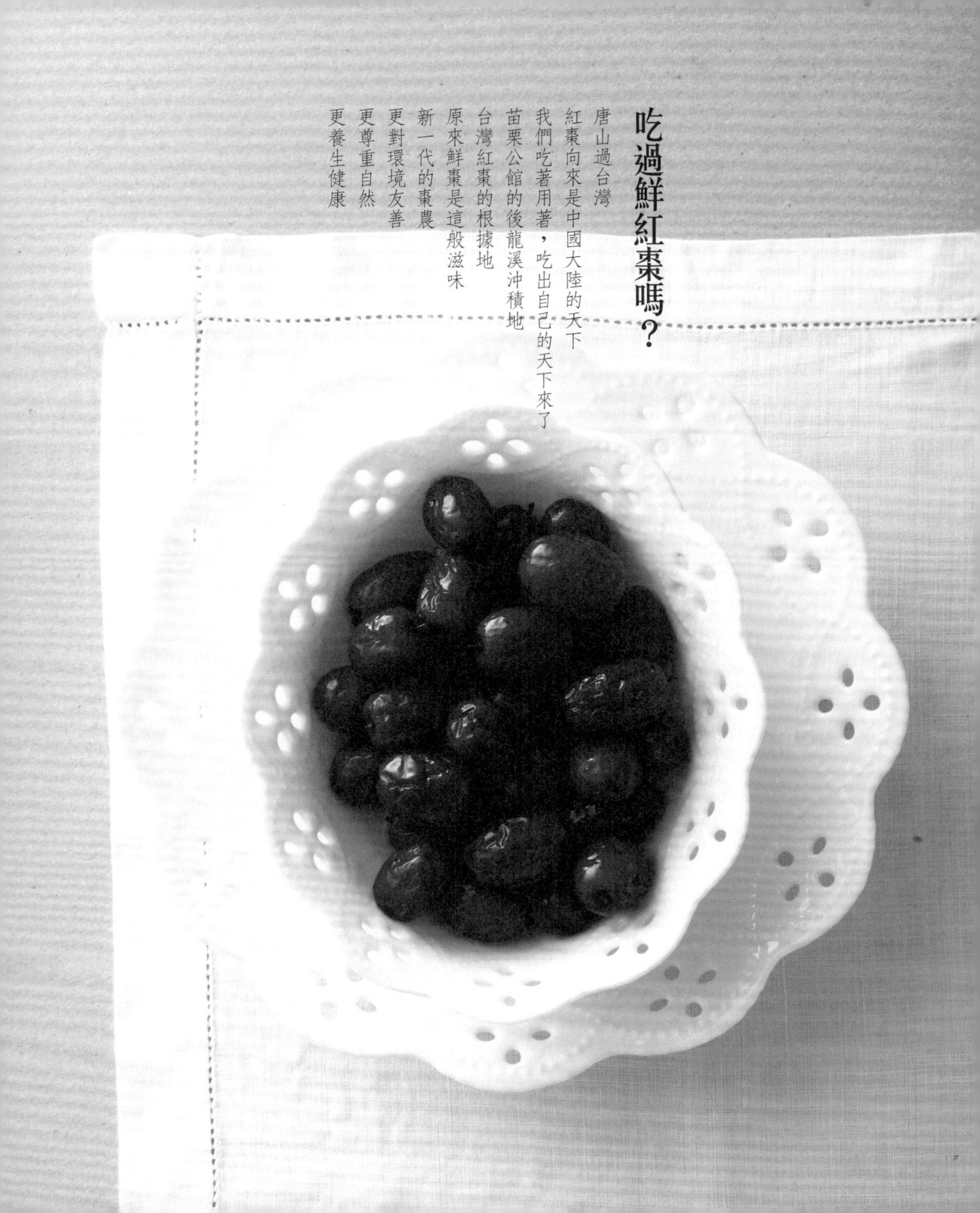

大暑

蓮子

糖·漬

交節日七月二十二日~二十四日

【大暑熱 星光寶藍】

小記

單吃或煮甜湯、煮甜粥

壓扁當甜點內餡

食材

蓮子	300g
冰糖	300g

作法

1.新鮮蓮子洗淨。

2.加入淹過蓮子水量，煮滾轉小火煮約10分鐘，熟透即可，不要太爛。

3.加入冰糖煮到水分收乾，放涼風乾即可。

出淤泥的不染

荷花也行、蓮花也對
美到入畫，境界禪性佛心
這淤泥挺出的美學
滲入生活點滴
賞著、吃著、悟著
許多哲理

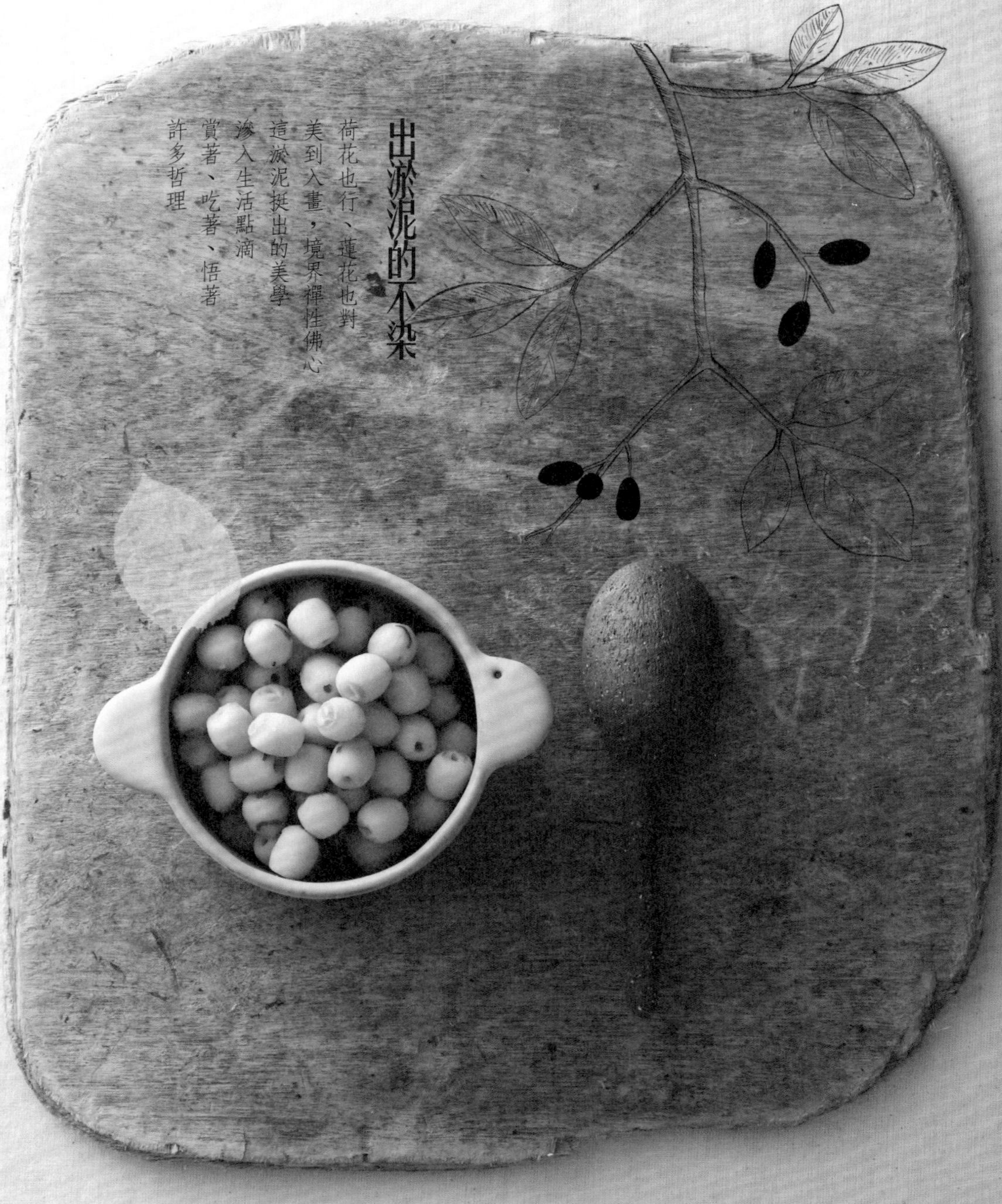

大暑

檸檬酒 Limoncello

交節日七月二十二日~二十四日

[大暑熱 星光寶藍]

陳·年

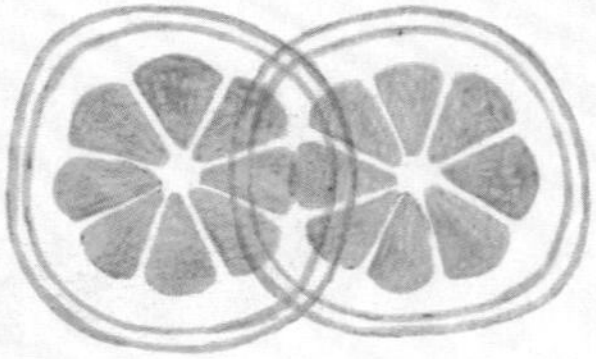

十八般武藝

說你是水果，又不能直接咬著吃
說你是蔬菜，偏偏你又長在果樹上
說你酸，卻又是鹼性食品
這樣，你好像找不到立足點
可你卻又十八般武藝
樣樣都行，樣樣都要你
西洋、東方兩棲
料理、飲料都行，甚至保健、妝品
甜的、鹹的都沒問題
這麼厲害的角色
在台灣，密聚屏東九如大本營

食材

檸檬	10顆
米酒（純米原酒 高酒精）	600c.c
水	200-300c.c
冰糖	300g
香草莢	1根

作法

1.檸檬洗淨晾乾水分，用刨刀削皮，只要綠色的皮。

2.取一玻璃大瓶，放入檸檬皮，倒入酒，蓋上蓋，放在陰涼處，每個星期輕輕晃動。

3.一個月後將香草莢對剖，整個浸泡到檸檬酒中3天。

4.冰糖加水加熱完全溶化，室溫放涼。

5.將檸檬皮、香草莢撈出，玻璃罐洗淨晾乾，用濾紙濾去酒中漂浮物，重複2-3次，最後將酒倒回乾淨的玻璃罐。

6.加入放涼的糖水充分混合，蓋上蓋子，放陰涼處再靜置2個月即可冰鎮飲用，愈陳愈香。

1 二部曲

糖漬檸檬皮

2 二部曲

檸檬茶

將取出的檸檬皮剪碎，沖泡為茶飲
另加上新鮮檸檬片並滴幾滴檸檬酒

3 二部曲

檸檬蒸魚

取檸檬酒內的檸檬皮數片，鋪在魚上
加入蔥、薑、蒜、香茅、香菜進鍋蒸
起鍋後加上新鮮檸檬提味

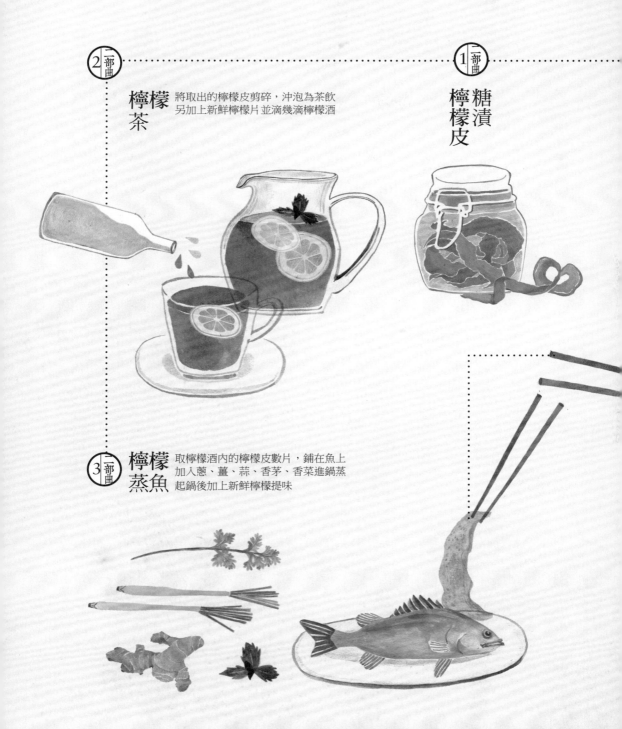

立秋

交節日八月七日~九日

【立秋乞巧 靦腆桃】

馬告

鹽·漬

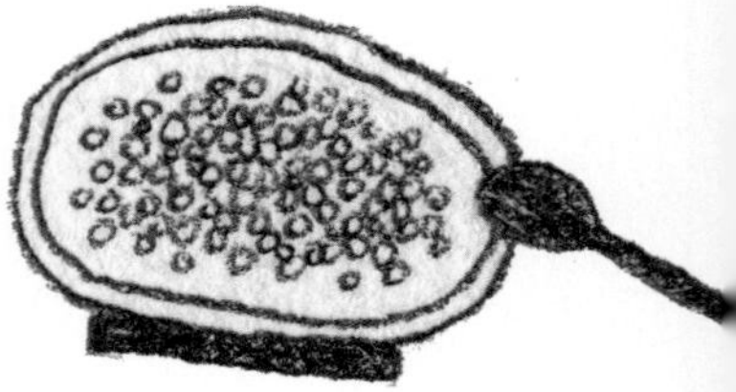

食材

馬告	200g
鹽	100g
米酒	適量

作法

1.將新鮮馬告洗淨，瀝乾水分，用米酒拌一下備用。

2.取一玻璃罐以一層鹽、一層作法1的馬告，層層堆疊至用完，最上層要是鹽，密封放冰箱冷藏保存即可。

小記

調味用

醃肉

胡椒野氣

北台灣棲蘭山
原住民的調味料
泰雅族人的馬告
我們嚐到山胡椒
植株帶葉有似檸檬香茅的氣味
馬告山胡椒粒
比起胡椒、黑胡椒
多了難得的山野氣息

立秋

交節日八月七日~九日

［立秋乞巧　醍醐桃］

黑糖龍眼

糖·漬

小記

黑糖桂圓糯米粥

桂圓瑪芬、泡茶

食材

桂圓肉	100g
紅棗	100g
黑糖	300g
水	500c.c

作法

鍋中倒入水加熱，煮滾放入紅棗煮約3-5分鐘，放入桂圓肉、黑糖，煮至濃稠狀即可。

煮豆燃豆萁

有人說龍眼與荔枝像兄弟
樹有點像，其實不像，你分得出來嗎？
荔枝打前鋒，龍眼當後衛
當荔枝產期一結束
緊接著便是龍眼登場
若不是中元普渡、桂圓撐著腰
龍眼恐怕沒這般規模
有人在砍龍眼樹了
龍眼炭比下了相思炭
龍眼炭火焙茶、焙桂圓

立秋

交節日八月七日~九日

【立秋乞巧 靦腆桃】

花椰乾＋高麗菜乾＋豆仔乾＋筍干＋覆菜

陳·年

只有太陽

水生萬物
水分也是萬物導致腐壞的原因
把水抽乾，即便鮮活模樣不再
但乾癟的軀體還是保存了下來
靈魂呢？靈魂還在不在？不曉得？
因為加水也無法還原了
花椰菜、高麗菜、菜豆、筍子、覆菜
什麼鹽啊糖啊都不必
直接披在陽光下，白天曝乾、夜裡蔭乾
就是菜乾
煮成像茶、像咖啡的湯
滿滿鄉村味

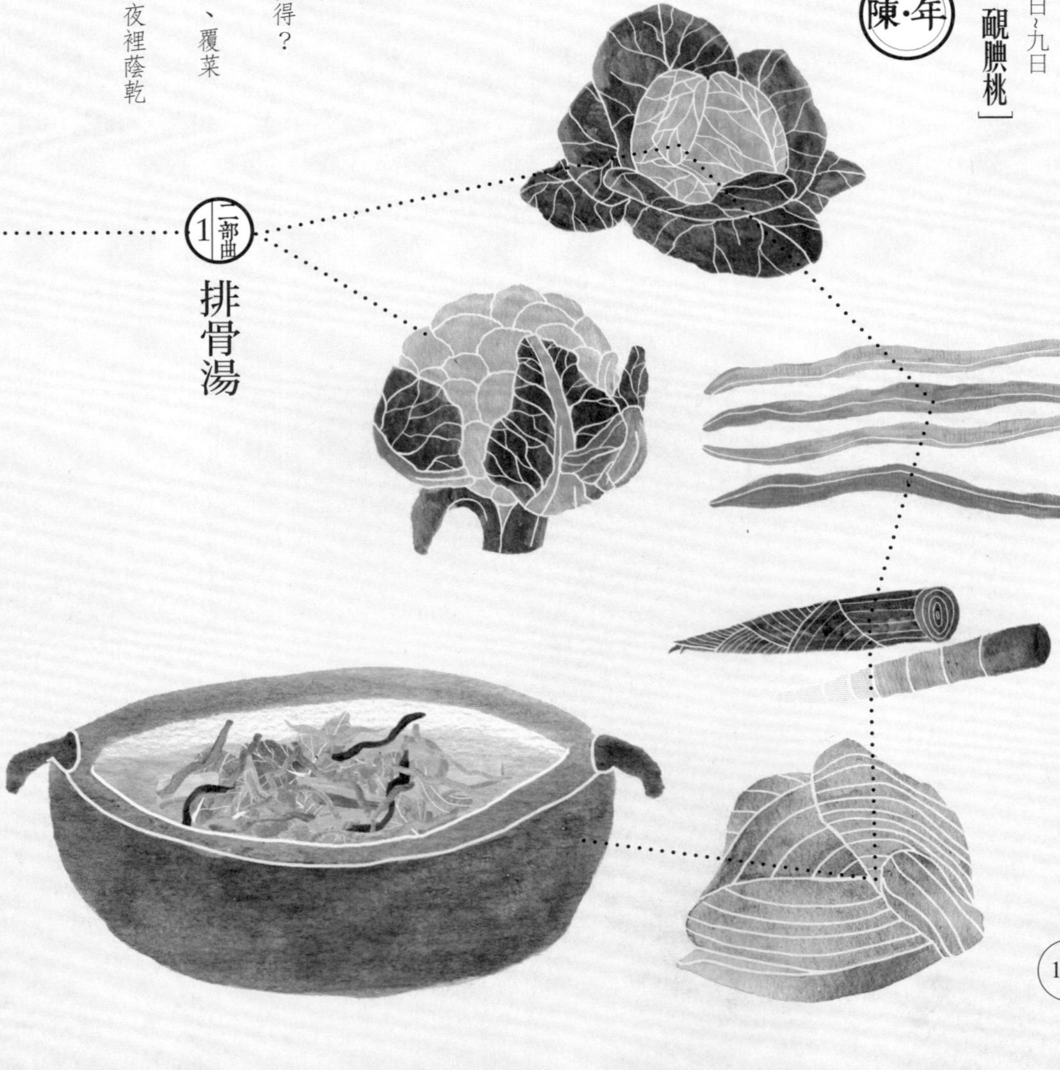

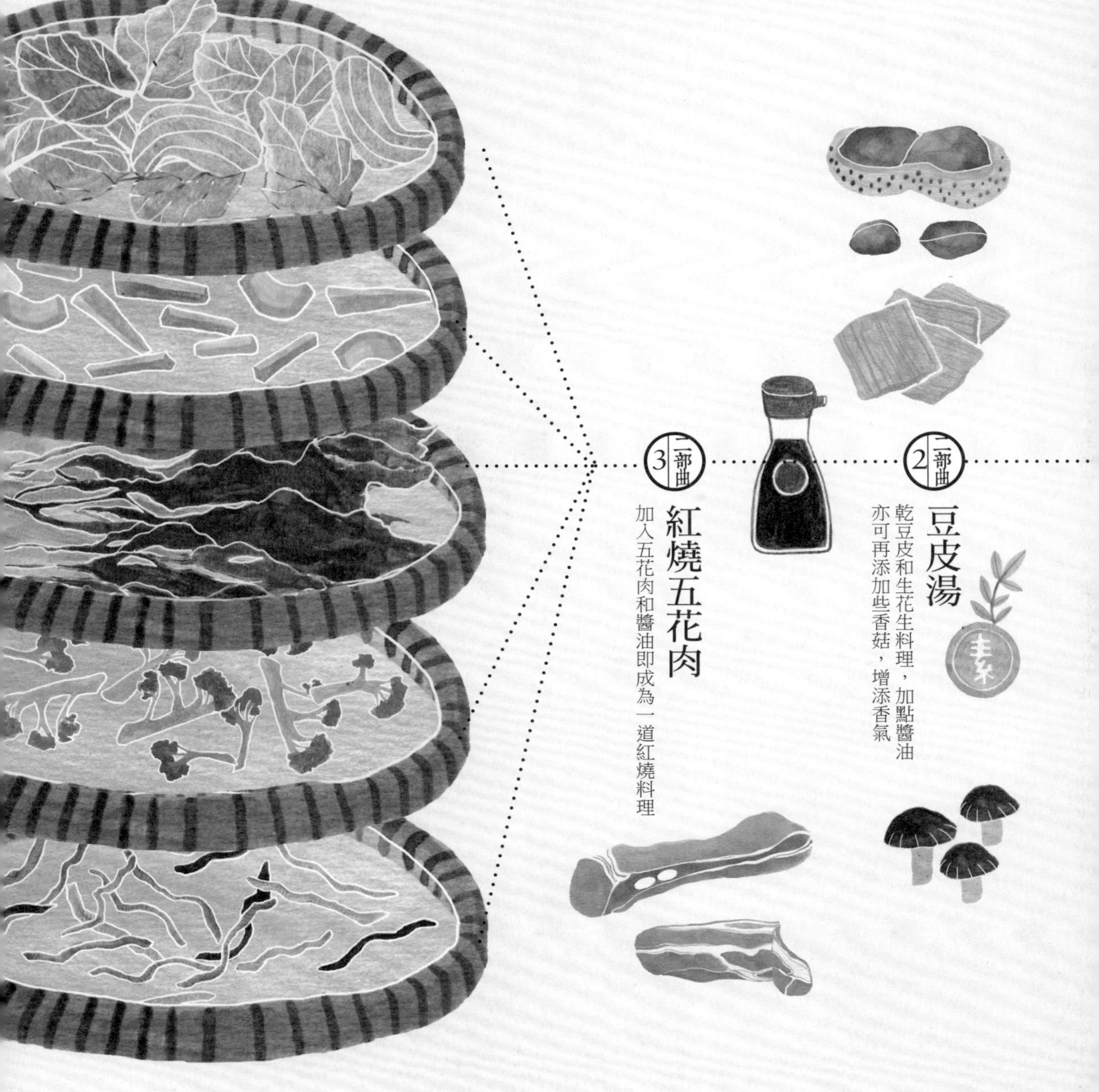

2 二部曲

豆皮湯

乾豆皮和生花生料理，加點醬油
亦可再添加些香菇，增添香氣

3 二部曲

紅燒五花肉

加入五花肉和醬油即成為一道紅燒料理

處暑

南瓜漬

鹽·漬

交節日八月二十二日~二十四日

[處暑虎 刀子紅]

小記 沙拉、煮咖哩夾三明治

食材

南瓜	600g
百香果醬	100g
鹽	20g

作法

1.將南瓜去皮去籽後切薄片，加入鹽拌一拌，放置一會兒待出水，把汁液倒掉，然後用冷開水將南瓜洗一洗備用。

2.取一乾淨保鮮盒，放入南瓜與百香果醬，並充分攪拌均勻，依個人口味可加少許鹽調味，或另加果醋或檸檬汁也不錯，放入冰箱冷藏1天等待入味即可。

變大變小變形變色…

印地安人開始種玉米之初
是在土地埋下三種種籽
玉米、豆子與南瓜
玉米堅強的禾莖，讓豆藤攀緣而上
南瓜則在地面蔓開，鎮壓了雜草
充滿智慧的自然農法，滿足了三樣主食
直到現在的南瓜
還是作物裡的百變魔術師
不論形狀、大小、顏色
似無宥限的寬廣
加上耐貯放、好看好吃
這下可厲害了
難怪南瓜也會變鬼、變馬車

處暑

交節日八月二十二日~二十四日

【處暑虎 刀子紅】

百香果漬椰絲

糖·漬

食材

百香果	600g
檸檬汁	15c.c
椰肉	10g
冰糖	300g

作法

將百香果洗淨，對剖取出果肉，與檸檬汁、冰糖、椰肉放入不鏽鋼鍋中，攪拌收汁成稠狀即可。

小記

抹醬、淺漬白蘿蔔

加鳳梨拌沙拉

現在就種它一棵時計果

多年生藤本的作物
易種易管、粗生快長、抗蟲害
不擇土質、耐熱耐寒、四季可種可長
一次栽種多年收成

哇！這麼強
這就是果汁之王
四季果、時計果、百香果
再懶的人都可以種活一棵
自食其力吃它幾年百香果

處暑

交節日八月二十二日～二十四日

[處暑虎 刀子紅]

豆豉

陳・年

高深小豆子

就黃豆與黑豆
沒有顯微鏡、沒有任何科學儀器
數千年前
怎麼利用看不見的麴菌
怎麼讓發酵始於所當始、止於所當止
這古法傳了下來
是否自己也試著復古一次
再來嚐嚐各家豆豉、各種料理
這小豆子，還真高深

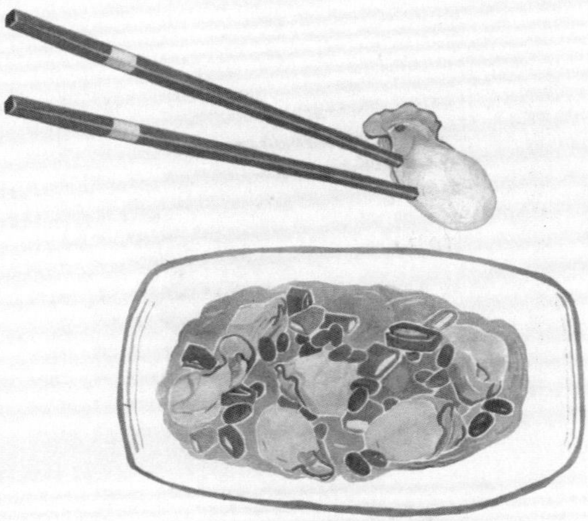

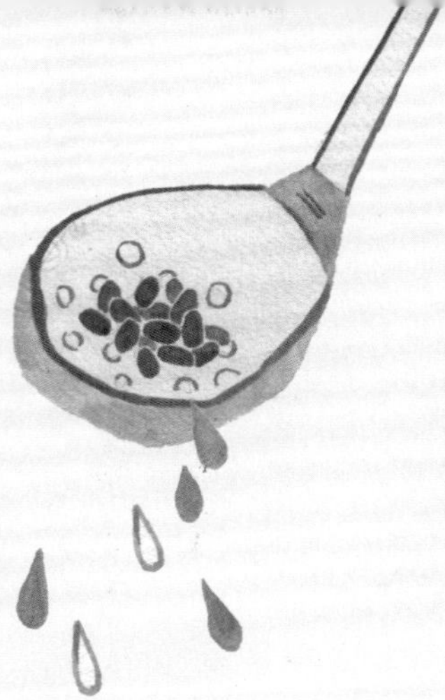

二部曲 1 鮮蚵豆豉

【小馬一點靈】如何讓豆豉更好吃呢?煮蚵時可先微燙豆豉

1、2、3撈起

待料理即將完成再放入豆豉即可

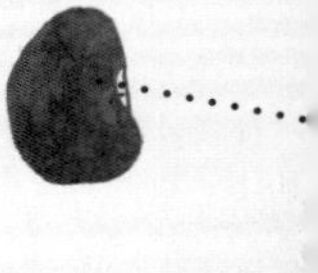

二部曲 2 炒青龍椒(或過貓、山蘇)

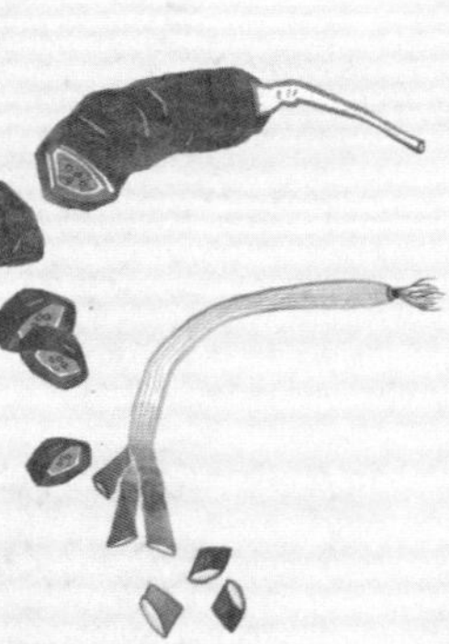

二部曲 3 豆豉蒸魚

鯛魚、鱸魚都是不錯的選擇

把魚淋上米酒和醬油進鍋蒸十分鐘

辣椒、蔥切絲泡水瀝乾,取出蒸好的魚鋪在面上

先擱放一旁

將豆豉拌蒜末淋油炒香,趁其高溫馬上淋在魚面,完成

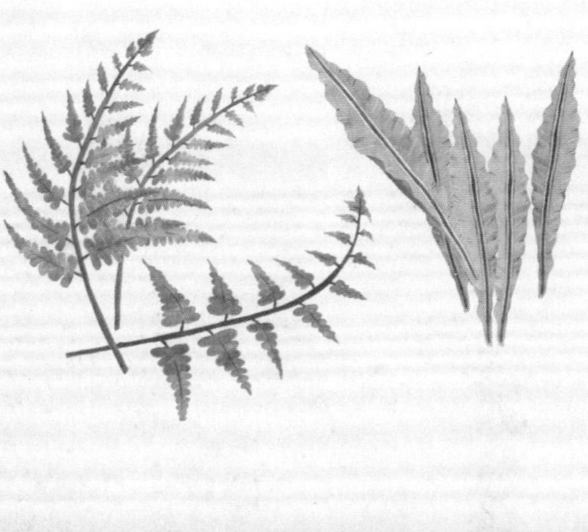

白露

交節日九月七日~九日

【白露月 桂香黃】

金針

油·漬

食材

乾金針	50g
乾黑木耳	20g
乾白木耳	20g
乾香菇	3朵
乾豆皮	20g
薑絲	20g
鹽	1匙
芝麻	少許
植物油	300c.c
醬油膏	1大匙

作法

1.將乾金針洗淨泡開，擰乾水分，切小段備用。
2.乾黑木耳洗淨泡開，擰乾水分，切絲備用。
3.乾白木耳洗淨泡開，擰乾水分，剝小塊備用。
4.乾香菇洗淨放軟，切絲備用。
5.乾豆皮洗淨泡軟，擰乾水分切絲。
6.鍋中放入150c.c植物油，先將香菇炒香，陸續加入黑白木耳、豆皮及薑絲拌炒，香味出來後再加入醬油膏拌炒，起鍋前加芝麻及鹽，放涼加入另150c.c植物油，混合裝瓶，放入冰箱冷藏保存。

忘憂、療愁

萱草又叫忘憂草、療愁
的確這是母親的能耐
大的可以鋪滿整個山頭
像花蓮富里的六十石山
單一的專注、數大的美
小的可以適適切切地開在心頭
金針用來吃
應該只是順便

白露

柚

糖·漬

交節日九月七日~九日

［白露月 桂香黃］

食材

柚肉	600g
冰糖	300g
檸檬	0.5顆

作法

柚子剖開將果肉取出，籽取出，加入冰糖、檸檬汁熬煮至水分略微收乾呈稠狀，熱裝入玻璃瓶，倒置放涼即成真空狀態，開封後要放冰箱冷藏。

小記

泡紅茶、加乳酪及核桃成抹醬

烤肉調味

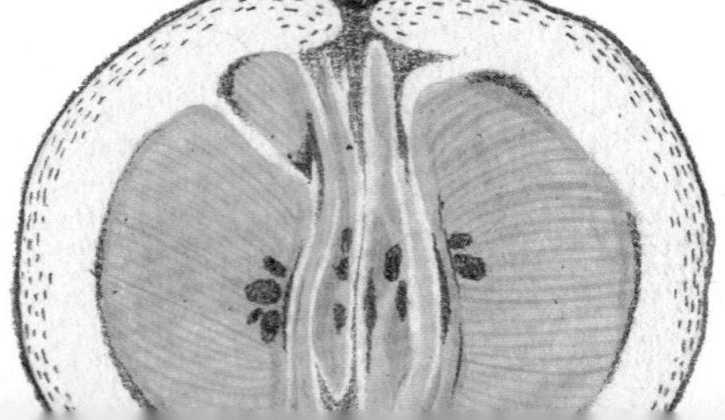

應景的優勢

許多作物的盛產期
遇上了台灣的節慶
久而久之
便難分難捨了
龍眼遇上中元
過年大桔大利
中秋一定要有文旦柚
柚子家族裡
文旦是先頭部隊
白露後十天開始採收

白露

［白露月 桂香黃］

交節日九月七日~九日

大白菜泡菜

陳·年

二部曲 1

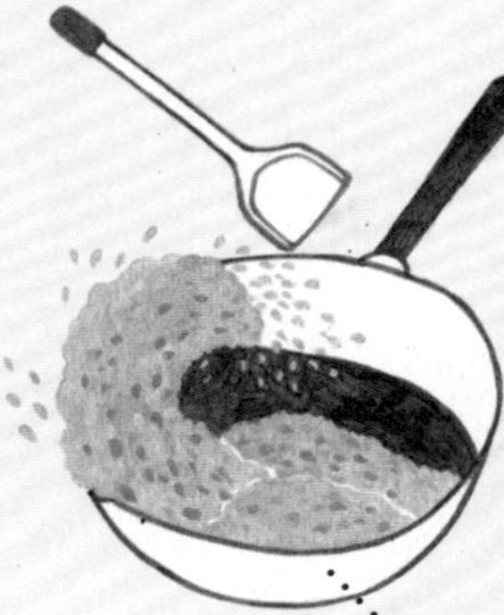

炒飯、炒麵

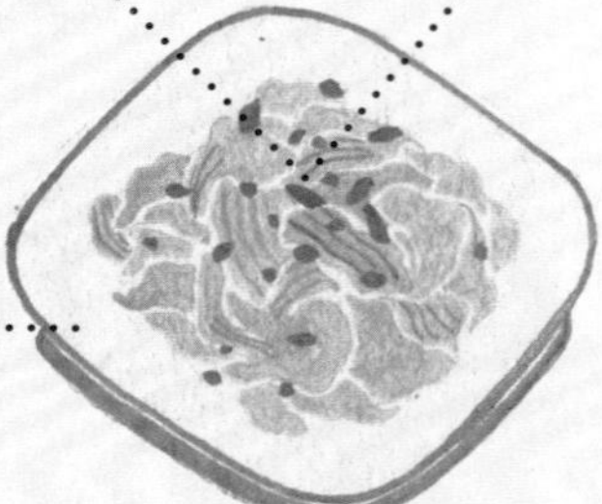

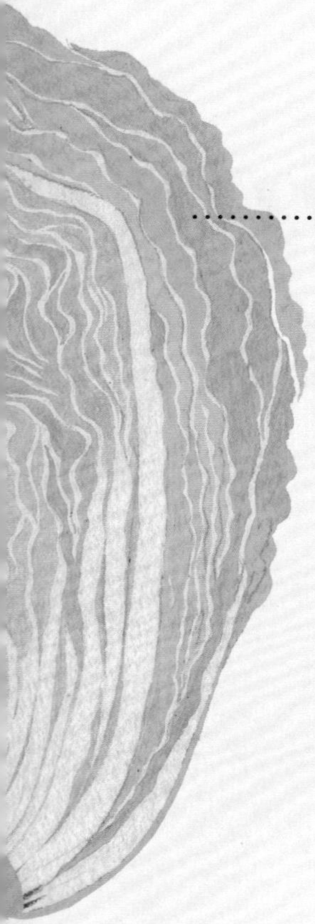

清清白白

源自中國很古老的菜
所以有古名「菘」取其有松的情操，冠上草字頭的會意字
台灣多叫它包心白菜或結球白菜
其色清白，尤其中國北方冰天雪地裡
整個冬天就只有大白菜
大白菜當然演化出醃漬文化
酸白菜便是一絕
飄洋過海在韓國變成紅通通的泡菜
中華料理中太多名菜以白菜為題

食材

大白菜	1000-1200g
粗鹽	40g
酒糟	50g
水	1000c.c

作法

1.將洗淨蔭乾的大白菜對剖放入玻璃罐。

2.大湯鍋中加1000c.c水煮開，放入大白菜，過一下熱水馬上撈出放涼，連同鍋中開水煮滾放涼備用。

3.將粗鹽均勻撒於大白菜上。

4.加入酒糟及放涼的開水，並用重石壓住。

5.每2天翻攪一次，使酒糟產生的乳酸菌更活化，如此即可。

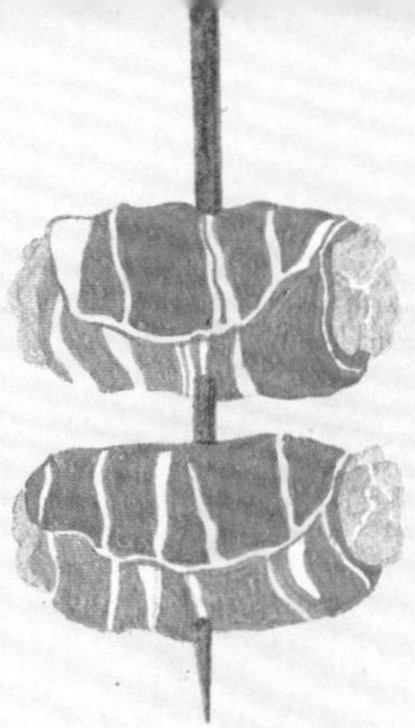

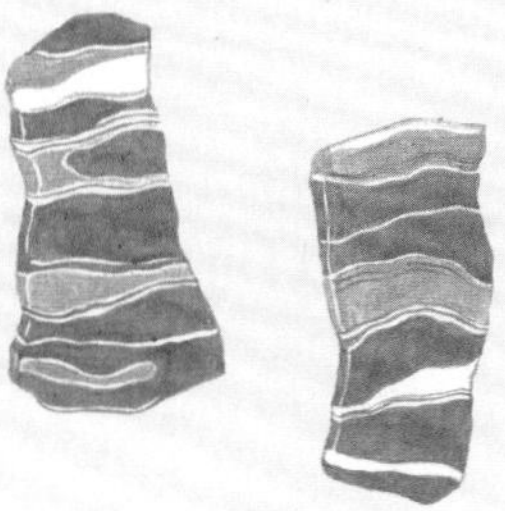

② 二部曲

炒五花肉

加上辣椒一同拌炒

③ 二部曲

泡菜五花捲

選擇長形的五花肉片，把泡菜包進肉片捲起，煎或烤都行

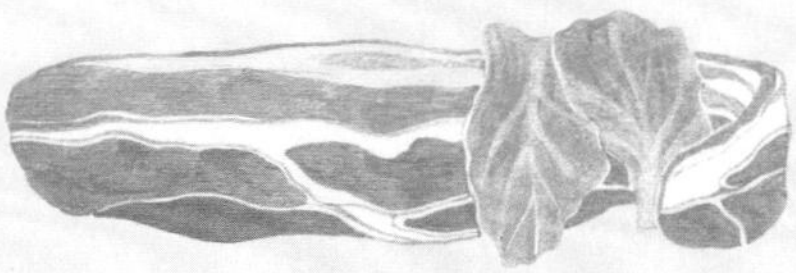

［小馬一點靈］

若將製作川味泡菜的花椒改成糖，即變成我們的台式泡菜，跟臭豆腐是非常好的朋友喔！醃製泡菜時，若置於冰箱內存放，可以延緩酸度發酵

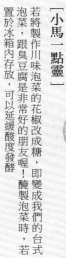

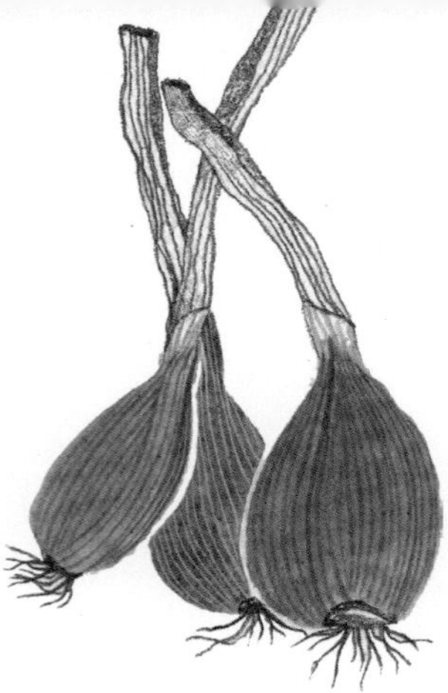

秋分

紅蔥頭

油·漬

交節日九月二十二日~二十四日

［秋分蟹 柿子紅］

小記 製作肉燥、紅燒炒米粉、煮湯提味

食材

紅蔥頭	80g
豬板油	200g

作法

1.紅蔥頭剝去外皮，一瓣一瓣剝開，洗淨晾乾水分，切片備用。

2.豬板油切丁放入鍋中小火加熱，開始榨出油脂，不斷拌炒不要焦掉，待豬板油恰恰時撈起瀝出。

3.先熄火，因為溫度很高，降約150℃左右，分次倒入紅蔥頭，持續攪拌，只要紅蔥頭轉黃就要熄火，因為油溫會持續炸紅蔥頭，同時持續攪拌降溫，待涼後裝罐密封。

P.S若發現紅蔥頭炸太過頭了，馬上撈起，待涼了再把撈出的紅蔥頭倒在一起裝罐密封即可。

香辛濃縮

你可能不認得紅蔥頭
但一定知道油蔥酥
油蔥酥就是紅蔥頭切片酥炸而成
即便清湯、燙青菜
灑上幾片
就像五線譜上有了跳動的音符
紅蔥像偽裝成蒜頭的洋蔥縮小了，香辛好像也濃縮了
你說是嗎？

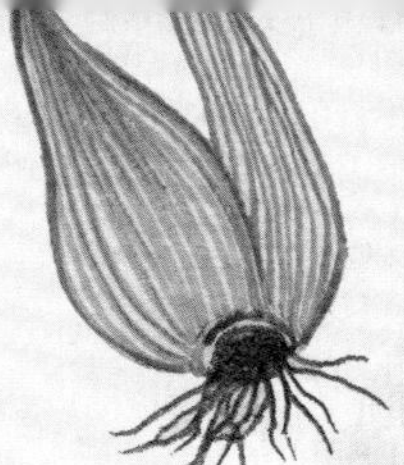

秋分

桂花釀

交節日九月二十二日~二十四日

[秋分蟹 柿子紅]

糖·漬
六十日

小記
烤肉醬、拌優格吃
煮湯圓

食材

桂花	1g
冰糖	200g

作法

1.將新鮮的桂花洗淨晾乾至沒有水分。

2.取一玻璃罐一層冰糖、一層桂花，層層堆疊放滿密封，放在室溫陰涼處，糖會慢慢溶解，桂花會發酵，約2個月後即可沖泡飲用。

滿庭香

桂花是很古老的香花植物
一直陪著人們過生活
屋旁院裡總會種棵桂花
樹形優美高大可成蔭
卻開著細細瑣瑣的小碎花
格局大器又心思細膩
氣香濃而味甜淡
入湯入菜
畫龍點睛添些文人氣

秋分

交節日九月二十二日~二十四日

［秋分蟹 柿子紅］

豆瓣醬

陳·年

與地方齊名

台灣幾百個鄉鎮
有的很有名，有的不知名
有更多你去都沒去過
許多地方會與你交集
除了你的足跡，最多的還是飲食上的記憶
米糕有清水的、嘉義的、台南的
肉丸有彰化的，羊肉有岡山的、溪湖的
豆瓣醬從川菜文化資產
一路演化
台灣也有個岡山辣豆瓣
鎮腥解淡非來碟豆瓣醬不可

1 二部曲 魚香茄子

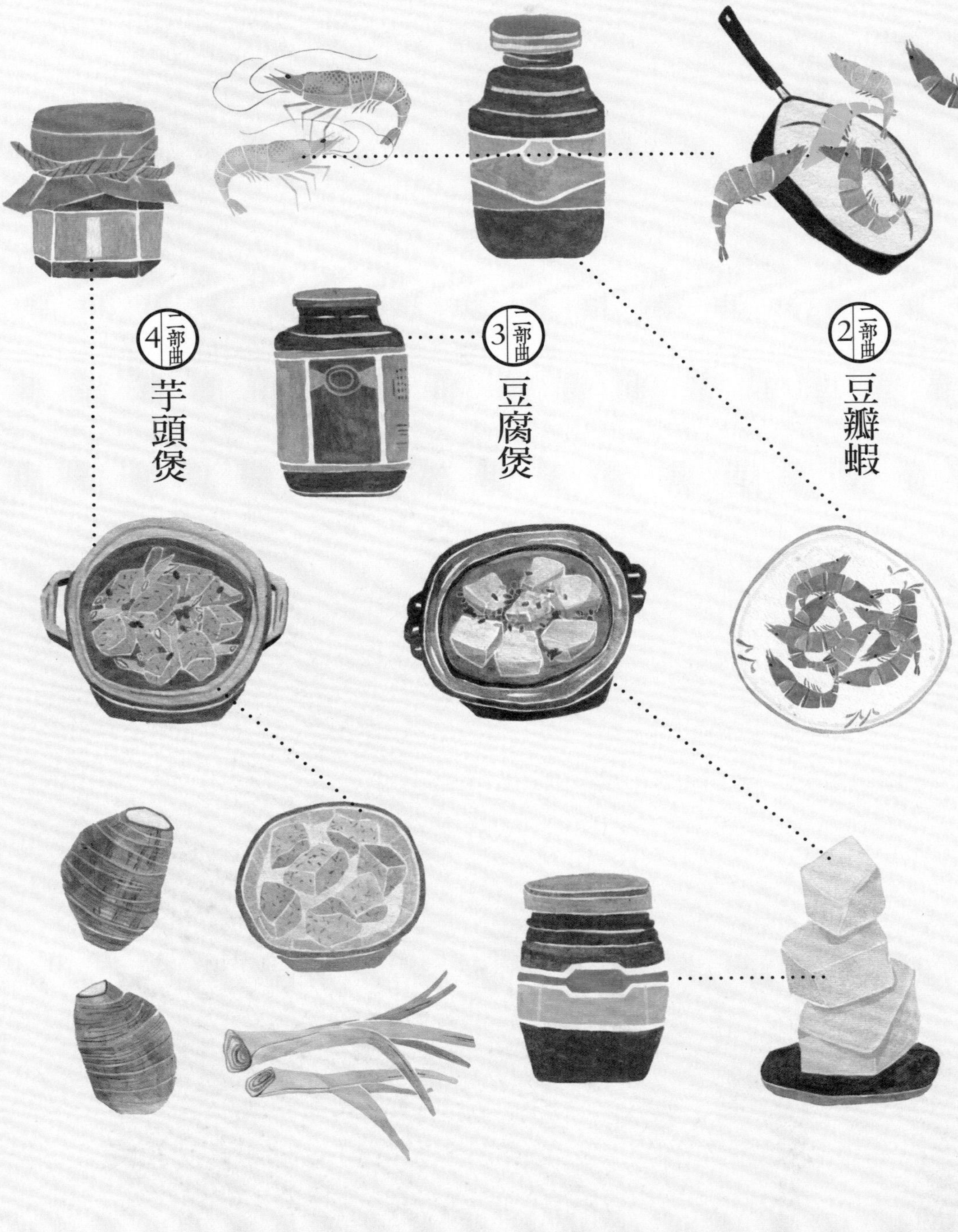

二部曲 2 豆瓣蝦
二部曲 3 豆腐煲
二部曲 4 芋頭煲

寒露

交節日十月七日~九日

【寒露涼 大地土黃】

茶籽薑油漬

油·漬

食材

老薑	100g
鹽	5g
茶籽油	200c.c

作法

1.將老薑洗淨切絲。

2.鍋中放入茶籽油，小火加熱，加入薑絲慢慢炒乾不可過焦，起鍋前加鹽即可。

小記

拌飯，煎個荷包蛋蓋飯

汆燙任何青菜拌食

採收

苦茶油

「十月十日」國慶日後

苦不苦

苦茶樹
因為你的花白而平凡
所以茶花嫁接你身上
因為你的身強體壯
所以茶花嫁接你身上
因為你掙不了多少錢
所以茶花嫁在你身上
你無言地受下這一切
終會等到知音
欣賞你的花的美麗
懂得茶籽油的上乘
這些自然的道理

寒露

交節日十月七日~九日

[寒露涼 大地土黃]

日曬蜜蘋果

全日曬 三~五日

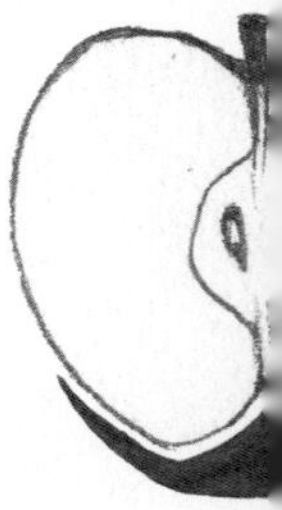

A字第一號水果

第一個英文字A開頭的水果
象徵著它的歷史悠久、地位崇高、價值不菲
儘管以前珍稀，現在不奇
但市場上滿滿的蘋果
總是有距離
美國華盛頓、日本青森
就當開啓一點點世界觀吧
直到上了梨山
去了武陵農場
吃過豬肉終於看到豬走路了
台灣果農臉上也有蘋果光

食材

蘋果（梨山蜜蘋果）	適量
楊桃（白布帆）	適量

作法

1.將水果洗淨、晾乾，切片約1-1.5公分。

2.取一烤肉網，上鋪一層烘焙紙，將水果平鋪日曬3-5天，要常翻動，晚上需收起來，水分日曬得愈乾較易保存。

小記

煮甜湯、紅燒甜點用

寒露

四破魚

陳·年

交節日十月七日~九日

[寒露涼 大地土黃]

鹹香美味

魚的美味
在台灣人的心目中是有排行榜的
而榜上名單則因地而異
有此一榜
一午、二鯧、三鯢、四迦鮴、五旗
六串、七油、八銀、九破、十馬頭
那第九的「破」即是四破
鰺科魚種繁多，學名藍圓鰺的四破，別名也多
硬尾、巴攏、目孔，甚至甘仔、竹莢、沙丁都有
據説因魚體易於分剝成四片得名
保鮮不易，所以多以熟魚或魚乾上市
因為量豐，所以常民得嚐
因為常民，所以才會吃出文化來

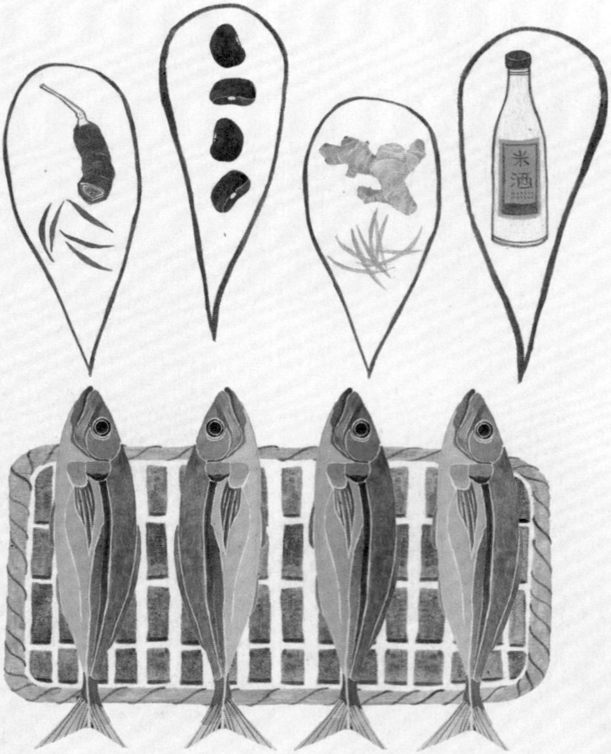

食材

四破魚	300g
乾豆豉	100g
薑	50g
醬油	10c.c
米酒	少許
辣椒	2根
蔬菜油	適量

作法

1.四破魚洗淨瀝乾，淋上少許米酒靜置，待米酒被魚吸乾，備用。

2.薑切成絲備用。

3.鍋中放入蔬菜油乾炒四破魚，待香味出來放入豆豉炒香，再加入薑絲、辣椒拌炒，並淋上醬油提香，充分拌勻即可，放涼裝保鮮盒，放冰箱冷藏。

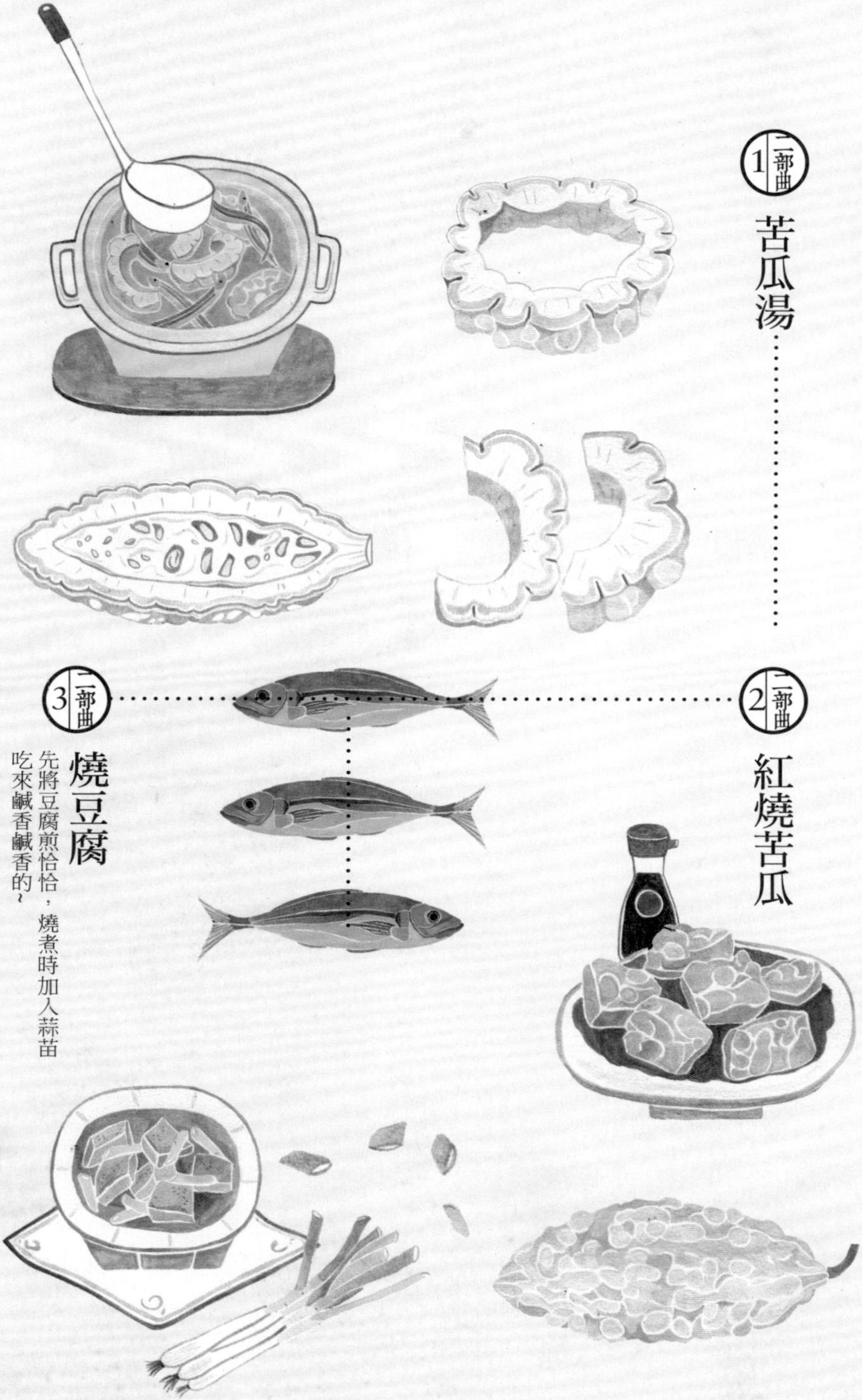
1 二部曲
苦瓜湯
2 二部曲
紅燒苦瓜
3 二部曲
燒豆腐
先將豆腐煎恰恰，燒煮時加入蒜苗
吃來鹹香鹹香的~

霜降

橄欖

酒·漬 365日

交節日十月二十三日~二十四日

[霜降微愁 芒白]

食材

橄欖	600g
高粱酒或米酒頭	1500c.c

作法

1.將橄欖洗淨瀝乾水分，日曬1-2天，晚上需收起，需翻動2-3次。

2.取一乾淨玻璃容器或陶甕，將作法1的橄欖倒入，並注入酒，封口1年後即可飲用，愈久愈陳愈好喝。

小記

煮橄欖雞湯、調飲

取下橄欖肉，加薑末

蒜頭、鹽拌炒即成橄欖醬

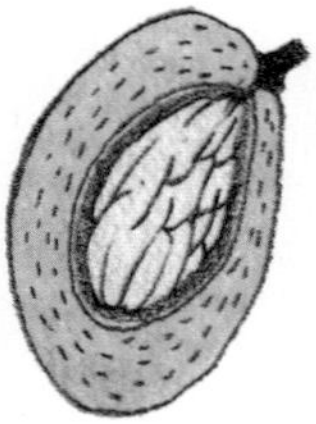

故鄉的橄欖樹

村子裡
一個小孩可以探勘的方圓裡
就那麼一棵橄欖樹
即便生澀粗硬
還是啃出那兩頭尖尖的核來
媽媽曾用橄欖燉過雞
如果沒有兒時的記憶
我對橄欖
還會不會如此興趣
會不會這麼好奇

霜降

交節日十月二十三日~二十四日

【霜降微愁 芒白】

柳丁

醋·漬
六十日

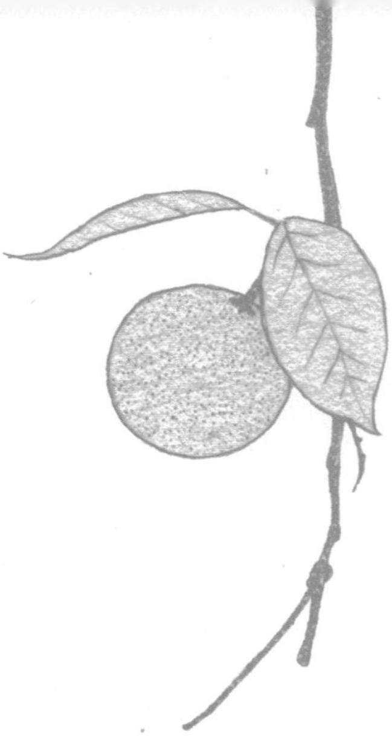

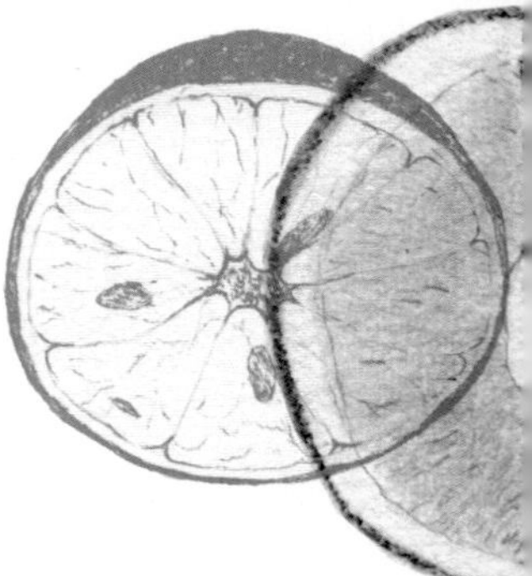

食材

柳丁	600g
米醋	600c.c

作法

1.將柳丁洗淨晾乾。

2.連皮帶籽切片放入玻璃容器中，注入米醋，浸泡60天。

小記

涼拌如果醋用途
調飲、蒸魚
煎雞排時當淋醬

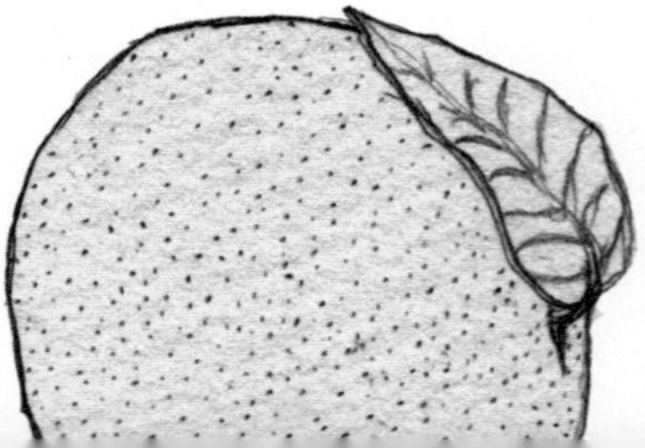

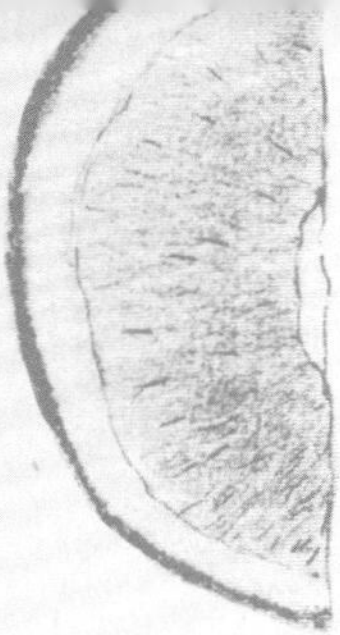

柳丁怎麼了？

柳丁，柑橘類水果中屬於甜橙
入冬盛產
怎麼好像每次都氾濫成災似的
惹出產銷失衡的爭議
明明我不愛進口的香吉士
偏好土產的柳丁
認真買、用力吃喝
但好像對這問題起不了一絲絲助益

霜降

芥菜

陳·年

交節日十月二十三日~二十四日

「霜降微愁 芒白」

苦中之樂

因為塊頭大
芥菜客家人也叫「大菜」
只有在秋盡冬來才栽收
孩子們總視其苦味為畏途
也許得一番閱歷，方知苦中甘美
大菜，更是漬物之大用
像魔術，巧妙各不同
酸菜、雪裡紅、梅干、福菜
都在鮮食當令之外
拉出一條長長的延長線
讓美味可以持續一整年

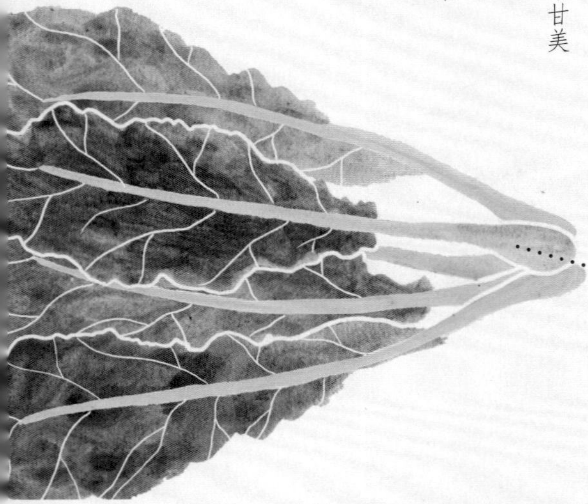

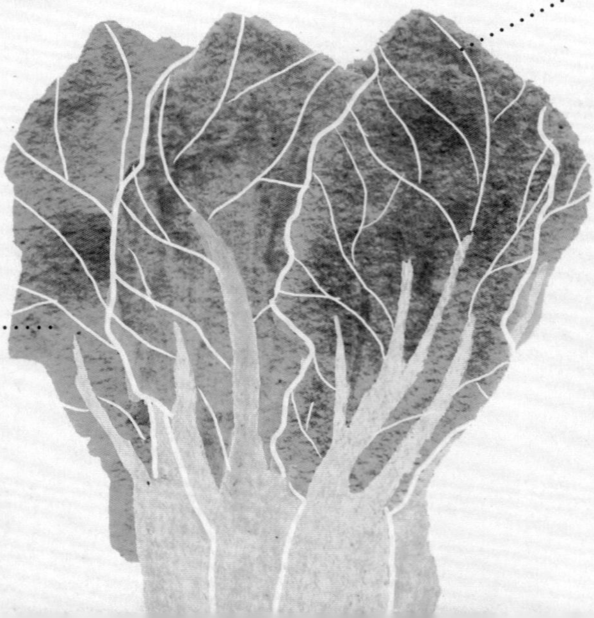

食材

芥菜	600g
粗鹽	80g
甘蔗	1小段

作法

1.芥菜洗淨，掛起晾乾至凋萎。

2.甘蔗洗淨晾乾，用石頭拍開備用。

3.在玻璃罐中放入一層作法1的芥菜，一層粗鹽，再以重複的動作製作，最後放上作法2的甘蔗壓上石頭或重物。

4.等芥菜出水醃3-5天，變黃變酸就OK了。

二部曲 1

芥菜鮑魚干貝雞湯

芥菜杏鮑菇蛤仔雞湯：杏鮑菇切片

[小馬一點靈]

若覺得鮑魚過於奢華，可以這道鮮湯代替
杏鮑菇具有鮑魚的口感
加上用來提鮮味的蛤仔，一樣非常美味

二部曲 2

汆燙芥菜

薑用苦茶油爆香
加入枸杞一同淋上汆燙好的芥菜

二部曲 3

上湯芥菜

燙好芥菜
以老母雞和金華火腿煮上一鍋高湯
煮畢將料撈起，留下純粹的高湯
把留下的高湯再加入干貝絲熬煮
高湯大功告成後
適量倒入盛裝好的汆燙芥菜中

[小馬一點靈]

煮好的高湯帶有膠質，濃稠的口感有如勾芡後的
模樣。若煮出的高湯較稀，則可加點薄芡進去

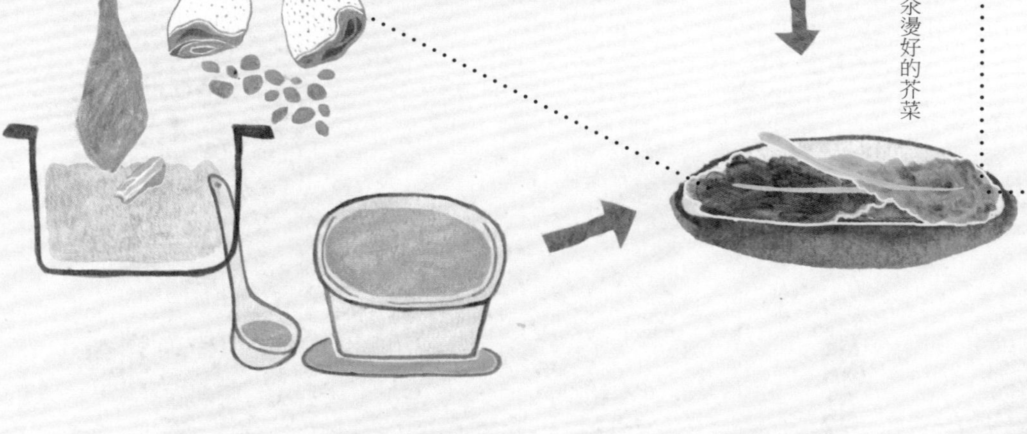

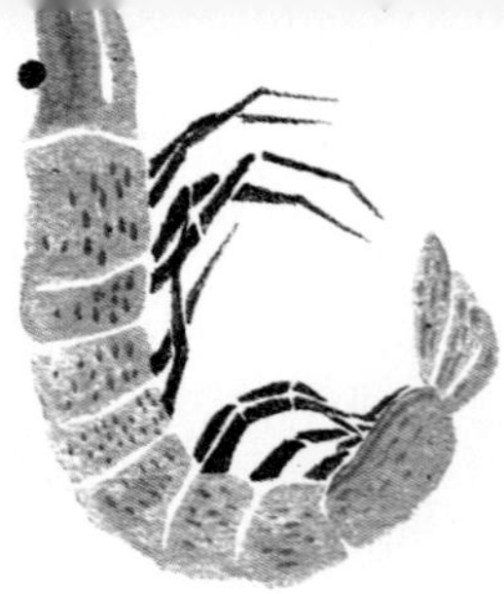

立冬

櫻花蝦

鹽·漬

交節日十一月七日~八日

[立冬收 禾木深棕]

小記
茶泡飯或湯麵時灑上
涼拌漬物、湯底用途

食材

櫻花蝦	10g
鹽	50g
綠茶葉、芥末粉、糖、乾燥紫蘇葉	共計50g

作法

將櫻花蝦、鹽、綠茶葉、糖、紫蘇葉放入食物調理機打成粉狀，最後加上芥末粉充分混合，裝瓶即可。

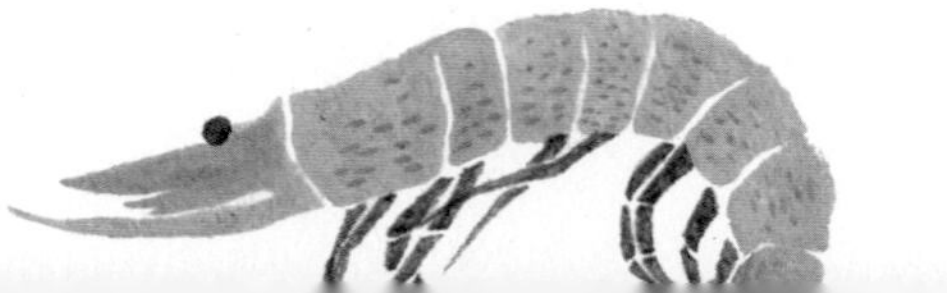

小蝦米的春天

日本人稱牠櫻花蝦
台灣東港漁人則叫牠花殼仔
可見日本對櫻花痴狂
台灣直接了當得多
因為牠那帶紅花的殼
小蝦米往往都是配料
直到櫻花蝦才當上了主角

立冬

交節日十一月七日~八日

【立冬收 禾木深棕】

金棗

糖漬

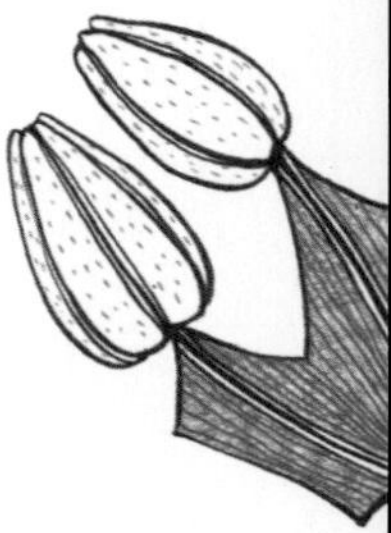

食材

金棗	500g
冰糖	150g
麥芽糖	150g

作法

1.金棗洗淨擦乾，用刀劃一道放入鍋中。

2.加入一半冰糖，全部麥芽糖用小火熬煮至糖、麥芽糖融化，再將剩下的冰糖加入繼續加熱，不時攪拌至金棗呈透明狀，水分收乾即可關火，取出放涼，便可放入玻璃罐中保存。

小記

泡茶、零食

切末製作甜點時用

酸甜分離

原名金橘、金柑
小小一顆，金黃橢圓
蘭陽平原是最主要產地
宜蘭人稱它牛奶柑
連皮咬一口
香甜的皮佐著帶酸的肉
複層味覺體驗
最適漬成蜜餞、果乾
道地成了宜蘭名產了

立冬

醬筍

陳·年

交節日十一月七日~八日

[立冬收 禾木深棕]

君子的生活

丘陵起伏的山間
農户小小院落後，總會有排竹叢
那是最高大堅實的綠籬
竹種多元，刺竹、麻竹、桂竹
編個竹簍、製個童玩、採個筍
都來自自家後院
老早就在低碳、低食物里程了
麻竹筍的產期長長從入夏到秋末
稍粗的纖維，沒有綠竹筍的嫩甜、不若冬筍的甘美
有產量又有的時間
那就醃進缸裡把特長展現
媽媽沒曾教我做醬筍
奇怪，怎麼大了，自己就會去追尋

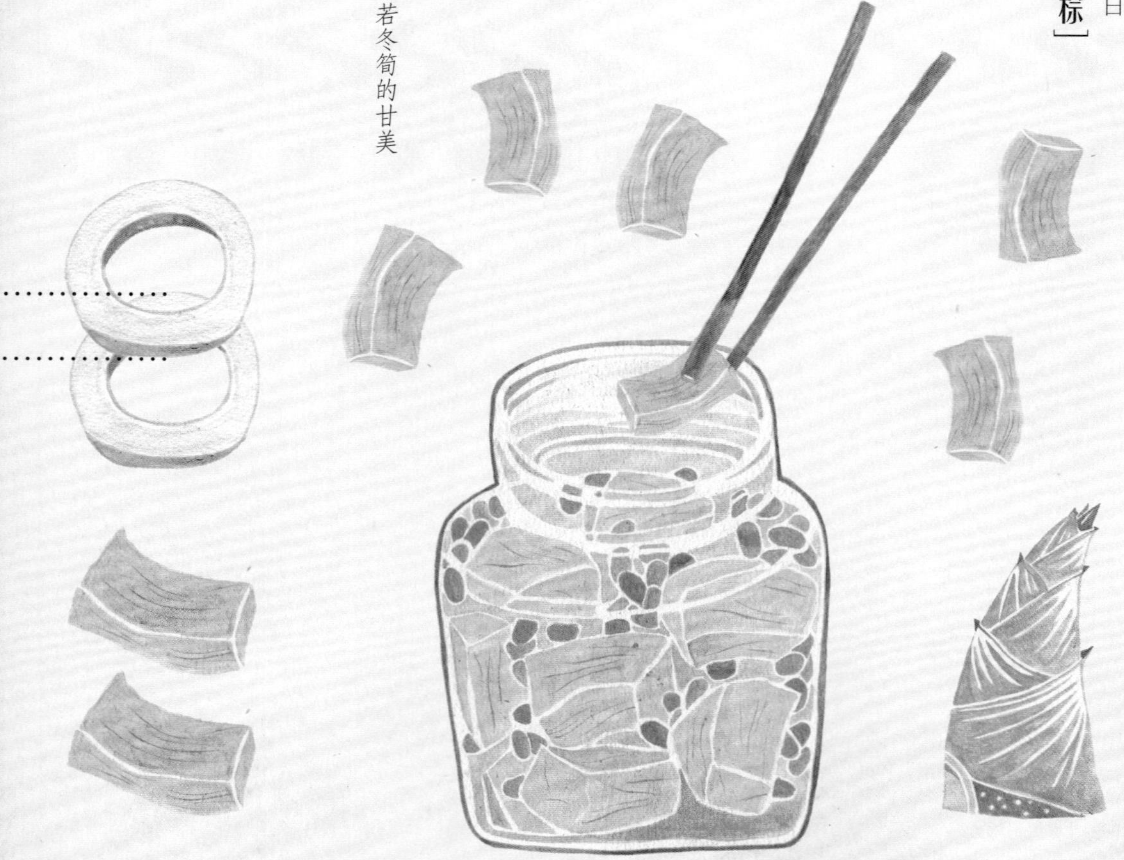

① 三部曲

炒過貓

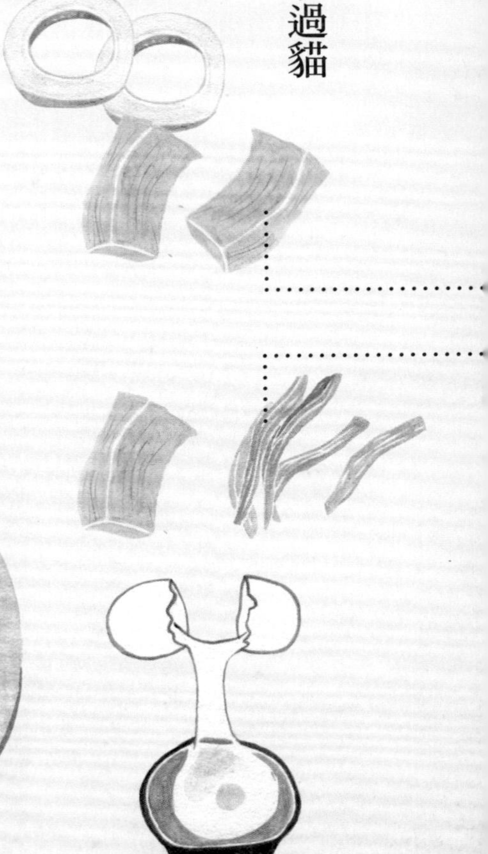

② 三部曲

虱目魚湯

放入醬筍，再另外加入新鮮冬瓜

③ 三部曲

醬筍煎蛋

把醬筍搗爛，加入筍絲、蛋汁一起拌攪

［小馬一點靈］

煎出來的醬筍蛋會有一股「香臭啊香臭~」的獨特香味

小雪

交節日十一月二十一日~二十三日

【小雪感恩 微風紫】

高麗菜泡菜

鹽·漬 七~十四日

食材

高麗菜	1顆
米醋	10c.c
高粱酒	10c.c
鹽	20g
水	1000c.c
花椒	10g
辣椒	1條

作法

1.鍋中注入1000c.c水，放入鹽，花椒煮沸放涼備用。

2.高麗菜切開洗淨，晾乾水分，撥成適當大小備用。

3.辣椒洗淨晾乾切片備用。

4.取一乾淨玻璃罐，將高麗菜、辣椒放進罐中，注入作法1的水，最後淋上高粱酒、米醋，密封1-2個星期。若喜歡酸一點，可放久一點再移到冰藏延緩酸度。

小記

小菜、煮湯

泡菜燒肉、炒飯麵

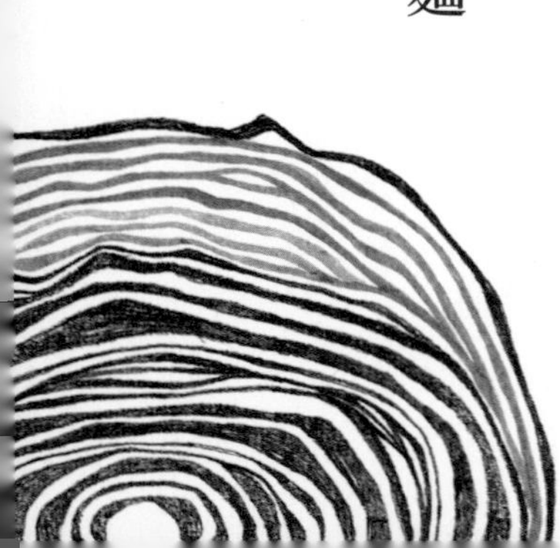

高麗菜風土式

一方風土養一方人
同樣的十字花科溫帶植物高麗菜
在不同的地方叫出不同的名字
種出不同的品種
料理出不同的菜色
吃出不同的風味
泡菜，雷同的浸漬發酵
卻也呈現著當地的風土民情
廣式、川味、台式、韓式
從泡菜，可以得窺一方風土

小雪

洛神

糖·漬
三~四日

交節日十一月二十一日~二十三日

【小雪感恩 微風紫】

食材

洛神	600g
鹽	20g
話梅	3顆
冰糖	200g

作法

1.將洛神洗淨，從蒂切一刀，將球狀的芯取出，灑上少許鹽去除澀味，用手翻動洛神，不可太用力，放置6小時待洛神出水，倒掉澀水，並將水分晾乾。

2.話梅去籽打成末，與冰糖混合。

3.取一玻璃罐，一層洛神，一層作法2的冰糖，一層洛神，一層作法2的冰糖……，蓋上蓋子，待3-4天冰糖溶化即可，放入冰箱冷藏保存。

小記

抹醬、切末製作甜點
泡茶、調冷飲

結出紅寶石

說台灣是寶島真是不假
一個蕞爾小島
文化的大熔爐
不管原產於寒帶、溫帶、熱帶的作物
都可以在台灣找到落地生根處
來自熱帶的洛神花
就在台東的金峰鄉等地成為驕傲
酒紅花萼，功效奇多
被封植物中的紅寶石

小雪

交節日十一月二十一日~二十三日

【小雪感恩 微風紫】

日曬杭菊

陳·年

可以離食物不要那麼遠嗎？

我們一天三餐都在吃
飲食之間，前人留下許多話
粒粒辛苦盤中飧、吃果子拜樹頭
我們不要鳳梨長在樹上、動物住在動物園、牛奶來自便利店的下一代
即使住城市
可以跟產地近一點、跟農夫親一點
對自然敞開一點、對季節敏感一點
好嗎？
當你喝杯菊花茶的時候

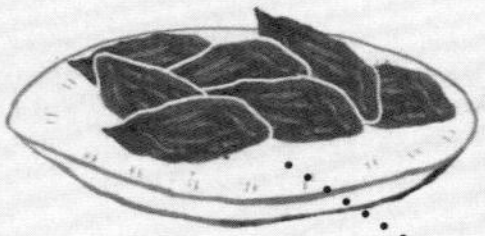

加上蜂蜜和枸杞

1 三部曲

淋醬

可淋在根莖類的食物上享用

2 三部曲

麻糬

客家麻糬一般會沾花生粉食用。將沾料改成蜜菊也是不錯的選擇喔！

3 三部曲

鹼粽甜醬

大雪

交節日十二月六日~八日

「大雪飛 漫天灰」

辣椒

醋·漬 六十日

別記 燒魚沾醬
製作辣椒醬用

[炒辣辣]

食材

香菇	5朵
菜脯米	30g
白豆干	10片
豆豉	100g
小辣椒	100g
薑	10g
油	300c.c
醬油膏	100c.c

作法

1.香菇洗淨放軟，切丁備用。
2.菜脯米洗淨，擰乾水分。
3.白豆干切丁，小辣椒洗淨切片，薑切末備用。
4.鍋中倒入少許油，放入香菇炒香，撈起備用。
5.鍋中倒入少許油，放入菜脯米、薑炒香，撈起備用。
6.鍋中倒入少許油，將白豆干丁煎香，加入辣椒炒香後，放入豆豉、香菇、菜脯米及醬油膏持續拌炒，所有材料混合即可。

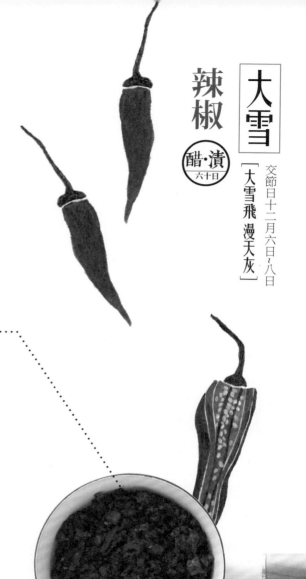

辣椒的雄心

世界版圖上
人類在爭戰，作物也是
遠渡重洋到世界各地
文化交融、品種推陳出新
辣椒源自中南美洲，直到明朝才傳入中國
當時中國只有薑、花椒等香辛料
辣椒進了中國在四川發揚光大
流入韓國成了韓國泡菜
在台灣呢？

食材

紅辣椒（大紅辣椒或朝天椒）	600g
米醋	10c.c
高粱酒	10c.c
鹽	10g
水	600c.c
花椒	5g

作法

1.鍋中注入600c.c的水，放入鹽、花椒煮沸放涼備用。

2.紅辣椒洗淨去蒂，晾乾水分備用。

3.取一乾淨玻璃罐，將紅辣椒放進罐中，注入作法1的水，最後淋上高粱酒、米醋，存放陰涼處，約個2個月後即可食用，愈久愈夠味。

大雪

交節日十二月六日~八日

［大雪飛 漫天灰］

黑芝麻 白芝麻 雙醬

糖·漬

小記 抹醬、製作芝麻饅頭或包子製作湯圓、拌麵

［白芝麻醬］

食材

白芝麻	400g
葵花油	50c.c

作法

1.白芝麻洗淨後，放入鍋中用小火慢慢炒熟炒香。

2.放入食物調理機中打出油，停一下再打（勿讓機器過熱），再加入50c.c葵花油，繼續打成光滑狀即可。

［黑芝麻醬］

食材

黑芝麻	400g
葵花油/糖	20c.c/40g

作法

1.黑芝麻洗淨後，放入鍋中用小火慢慢炒熟炒香。

2.放入食物調理機中打出油，停一下再打（勿讓機器過熱），再加入糖及20c.c葵花油，繼續打成光滑狀即可。

很大的芝麻小事

台灣的老街區裡
還可找到傳統油行
再偏遠一點的鄉街還有所謂的「油車間」
自製也代客榨油
花生油、茶油、麻油
小小芝麻自成天地
台灣中南部零星栽種
黑白分明
黑的榨成胡麻油是基底
白的榨成香油錦上添香
芝麻的香總是誘人

大雪

烏魚子

交節日十二月六日~八日

［大雪飛 漫天灰］

陳·年

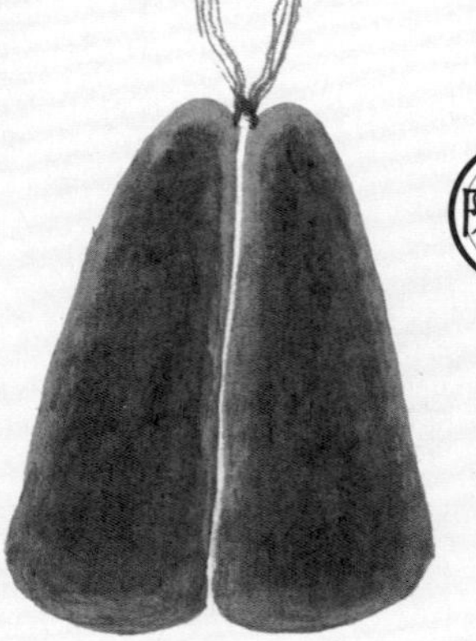

黑潮與烏金

世界第二大洋流—黑潮
將熱帶的溫暖海水一路往北帶
台灣的漁業深受黑潮影響，形塑而出黑潮文化
烏魚這批守信的信差
便在冬至前後十天，小雪小到、大雪大到
隨黑潮來到台灣海域
懷抱滿腹金黃的魚卵，鹽漬日曬烏魚子
日本人的karasumi，老天在過年前送給漁民的大紅包
不過漁源在枯竭
紅包在縮水
我們的予取予求，是要收收心

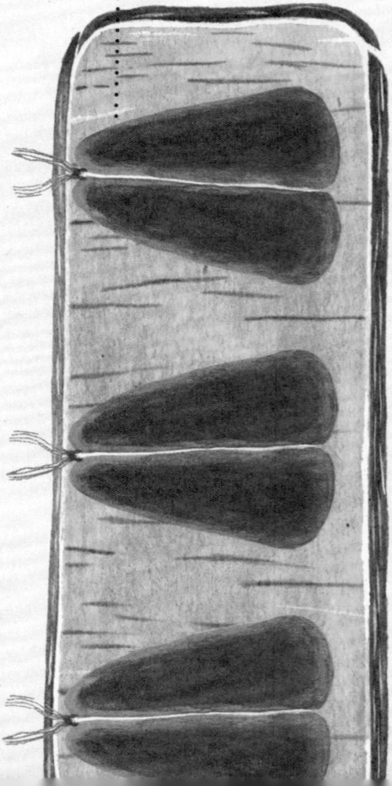

食材

烏魚子	適量
蘋果	適量
白蘿蔔	適量
高粱酒	適量
蒜苗	適量
海苔	適量

作法

1.將烏魚子的膜去除，整塊放入高粱酒中泡5分鐘。

2.烤箱預熱200℃烤5分鐘即可。鍋中放入蔬菜油加熱，將烏魚子放入，兩面各煎10秒即可。

3.與蘋果、白蘿蔔、蒜苗和海苔一起搭配。

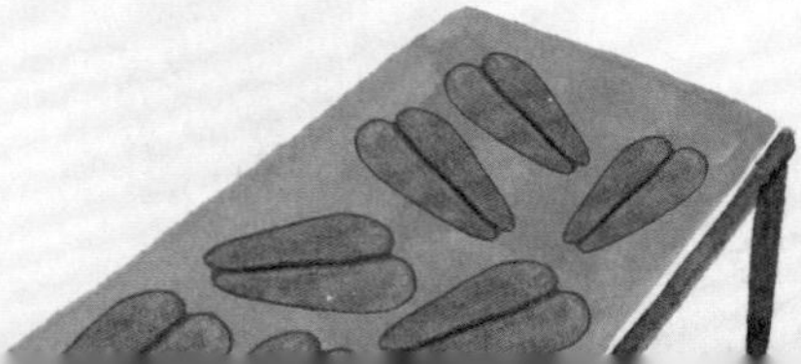

①二部曲 烏魚子煎蛋

烏魚子搗碎倒入蛋汁攪和

②二部曲 烏魚子小飯糰

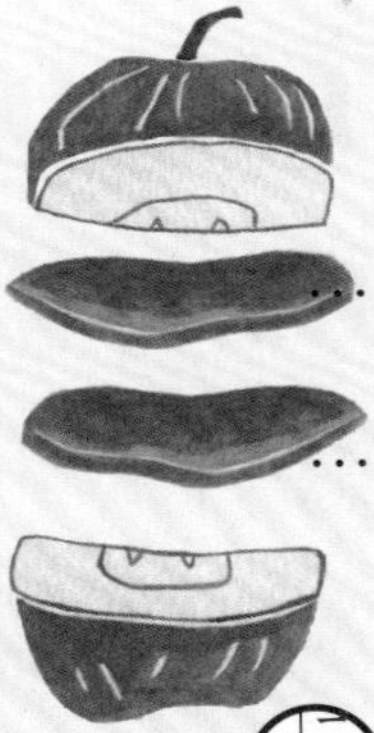

③二部曲 烏魚子義大利麵

將烏魚子磨成粉狀與義大利麵結合
完成後可再切幾片烏魚子點綴於上頭

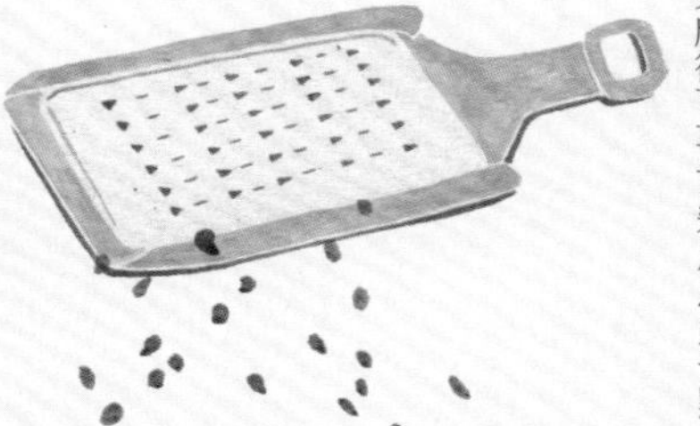

④二部曲 烏魚子醬

把搗碎的烏魚子與豆腐或山藥攪成泥狀
將烏魚泥均勻塗在蔬菜表面送進烤箱中

⑤二部曲 烏魚子切片

［小馬一點靈］

傳統多搭配蘿蔔一起食用，因蘿蔔的辛辣味可去除烏魚子的腥味；梨子與蘋果卻是更好的搭配選擇，尤其蘋果為最，蘋果的酸甜剛好中和了烏魚子的油脂，吃來清爽不易膩

冬至

地瓜

全日曬
二~三日

交節日十二月二十一日~二十三日

【冬至節 團圓正紅】

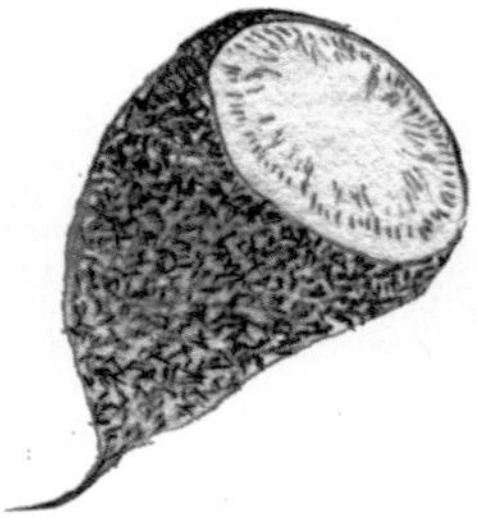

小記
煮甜湯時佐用
紅燒鹹魚、煮粥

食材

地瓜	適量

作法

地瓜洗淨，晾乾水分，切片或切絲，日曬2-3天。

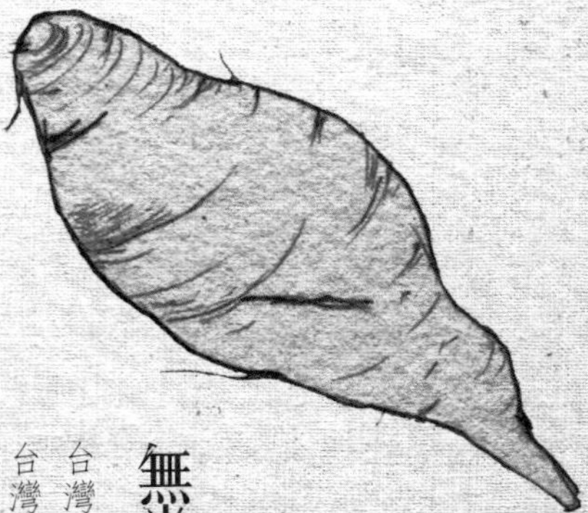

無米煮蕃薯纖飯

台灣的形狀像蕃薯
台灣早期的生活很倚賴蕃薯
台灣民族性很像蕃薯，旱地生蔓
時到時擔當，無米煮蕃薯纖飯
即便地瓜用來懷舊、養生了
地瓜還是如此親民
品種多元少量而多樣
皮肉多彩搭配作文章
紅皮紅肉的台農６６
黃皮黃肉的台農５７
還有好多
品種不只為迎合消費者
還要方便因地制宜的栽種者

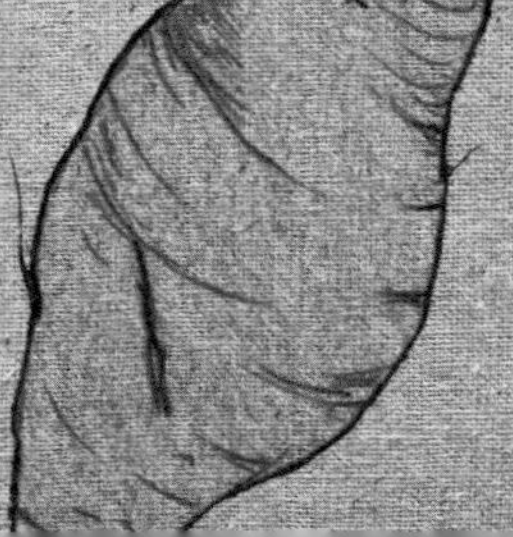

冬至

紅豆

糖·漬

交節日十二月二十一日~二十三日

[冬至節 團圓正紅]

小記

零食、淋上冰品

泡紅茶時加入

煮甜湯或甜粥時加入

食材

紅豆	300g
冰糖	300g

作法

1.紅豆洗淨瀝乾，冷凍1晚。

2.加入淹過紅豆的水量，煮滾轉小火煮約30-50分鐘，熟透即可，不要太爛。

3.加入冰糖煮到水分收乾，放涼風乾即可。

紅豆的土洋之爭

人與土地彼此共榮
冠軍之作，會讓地方人都與有榮焉
即使小小偏鄉都有了自信
白河蓮花、北港花生、名間茶、公館棗
紅豆就是屏東萬丹的榮耀
高雄農改場在紅豆品種上推陳出新
進口紅豆強敵環伺
背後有著多少國際貿易與生計角力
當我們吃著紅豆
可曾分別這是進口、自產
這是高雄幾號？

冬至

紅土鹹蛋

［冬至節 團圓正紅］

交節日十二月二十一日~二十三日

陳·年

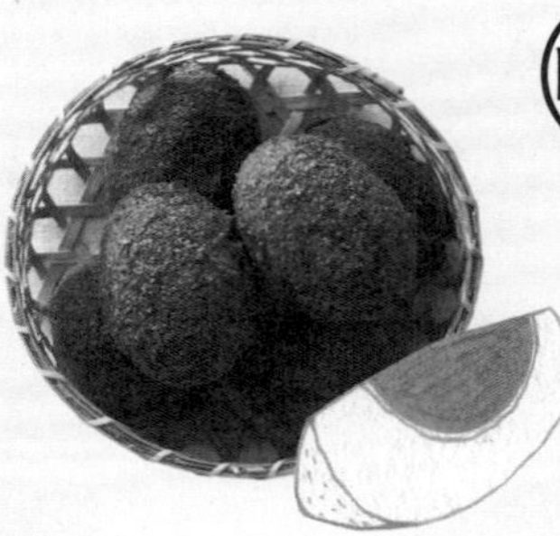

好土的好蛋

老家在南投縣八卦上台地上
土地是黃澄澄的
來到山腳下的水稻田、芭樂園
那灰黑的土是來自濁水溪
而台中大度山頂又是一片紅土
原來土地都有自己的顏色
紅土和成了泥、摻了鹽
裹了一窩土蛋
小孩依樣畫葫蘆
童心漬的是小鳥蛋

食材

鴨蛋	10顆
紅土	500g
鹽	200g
水	150c.c
米酒	50c.c

作法

1.將水和鹽煮沸放涼，加入米酒、紅土攪拌成稠狀。

2.將鴨蛋均勻裹上紅土，放於陰涼處醃製1個月。

3.食用時將鴨蛋洗淨，蒸20-30分鐘至熟即可。

1 三部曲
金銀蛋炒莧菜
[小馬一點靈]
所謂的金銀蛋就是指鹹蛋和皮蛋
2 三部曲
鹹蛋南瓜
3 三部曲
鹹蛋苦瓜
共同步驟
先挖出蛋黃炒香

國家圖書館出版品預行編目資料

台灣漬： 24節氣的保存食
/ 種籽設計 著

-- 初版 -- 臺北市：
北市 ： 創意市集出版 ： 城邦文化發行,
民108.09 面 ； 公分
ISBN 978-986-600-949-5（平裝）

1.食譜 2.食物酸漬 3.食物鹽漬 4.調味品

427.75 101025525

台灣漬 24節氣的保存食
Taiwan Pickle
食物風土

2AB859

作者 種籽設計節氣飲食開發團隊
責任編輯 溫淑閔
主編 溫淑閔
美術編輯 種籽設計
文字 種籽設計
攝影 廖家威．陳献棋
行銷企劃 辛政遠．楊惠潔
總編輯 姚蜀芸
副社長 黃錫鉉
總經理 吳濱伶
發行人 何飛鵬
出版 電腦人文化/創意市集
發行 城邦文化事業股份有限公司
歡迎光臨城邦讀書花園
網址：www.cite.com.tw
香港發行所 城邦（香港）出版集團有限公司
香港灣仔駱克道193號東超商業中心1樓
電話：(852) 25086231
傳真：(852) 25789337
E-mail：hkcite@biznetvigator.com
馬新發行所 城邦（馬新）出版集團
Cite (M) Sdn Bhd
41, Jalan Radin Anum, Bandar Baru Sri Petaling,
57000 Kuala Lumpur, Malaysia.
電話：(603)90578822
傳真：(603)90576622
E-mail：cite@cite.com.my
印刷 凱林彩印股份有限公司
2023年（民112） 7月 3版6刷
Printed in Taiwan
定價 320元